拥抱那只黑狗

抑郁疗愈指南

汪瞻 著

C̅S 湖南人民出版社·长沙

图书在版编目（CIP）数据

拥抱那只黑狗：抑郁疗愈指南 / 汪瞻著. --长沙：湖南人民出版社，2024.4
ISBN 978-7-5561-3352-9

Ⅰ.①拥… Ⅱ.①汪… Ⅲ.①抑郁—心理调节—指南 Ⅳ.B842.6-62

中国国家版本馆CIP数据核字（2024）第039961号

拥抱那只黑狗：抑郁疗愈指南
YONGBAO NAZHI HEIGOU: YIYU LIAOYU ZHINAN

著　　者：汪　瞻
出版统筹：陈　实
监　　制：傅钦伟
产品经理：张倩倩　张　卉
责任编辑：张倩倩
责任校对：张命乔
装帧设计：凌　瑛
内文插图：刘心语

出版发行：湖南人民出版社［http://www.hnppp.com］
地　　址：长沙市营盘东路3号　　邮　　编：410005　　电　　话：0731-82683357

印　　刷：长沙新湘诚印刷有限公司
版　　次：2024年4月第1版　　　　　　　　印　　次：2024年4月第1次印刷
开　　本：880 mm×1230 mm　1/32　　　　印　　张：9.75
字　　数：175千字
书　　号：ISBN 978-7-5561-3352-9
定　　价：58.00元

营销电话：0731-82221520（如发现印装质量问题请与出版社调换）

不再可怕的"黑狗"

　　我向大家隆重推荐本书，因为它可以帮助你从心理科学的视角看清抑郁的真面目，并依靠科学的、有效的心理治疗技术走出重度抑郁的泥潭。在关键时刻，这本书甚至还能帮助你及时挽救自己的至爱亲朋。

　　说到抑郁，其危害无须多言：不论是诸多因其而陨落的明星巨擘，还是患者身上触目惊心的累累伤痕，都在提醒我们那只叫"抑郁"的黑狗在失控时的破坏力。眼下，各式各样或抗击或治疗抑郁的方法数不胜数，但经得起临床检验的却是凤毛麟角。此刻，专业而审慎的临床视角和针对抑郁的实证研究是十分必要且珍贵的。

　　故此，当看到汪瞻医生所著的这本书时，我倍感欣喜。首先，汪瞻医生拥有十数年临床心理学的研习和实践背景，深耕抑郁领域多年。读者在书中能看到大量的临床康复案例，一窥抑郁是如何影响我们的，以及我们又该如何管理抑郁情绪。

其次，汪瞻医生还曾系统地接受过循证心理治疗方面的训练，更是"认知疗法之父"亚伦·贝克教授为数不多的中国学生之一。扎实的临床功底让他能在本书的第二章里提供14项当前被验证切实可行的抑郁治疗方案，以帮助我们在读完之后可以立刻行动起来，解决抑郁给我们带来的烦恼，实现知行合一。

再次，这本书还是少有的心理医生与抑郁者"合著"的抑郁自助读物。市面上大多数有关抑郁的书会存在一些"分裂"：要么是纯粹的抑郁视角，讲述个体化的经验；要么是单一的医学视角，传授如何做出改变。"通情"和"达理"，往往只占一边。

而本书在汪瞻医生的积极努力下，得到了其抑郁来访者的首肯。通过文字采访的形式，7位已康复的来访者呈现了他们过往的挣扎和使用心理学方法后的感受，让我们切实地看到疗愈的可能与复原的希望。

本书的问世，让关于抑郁的"情""理"得以兼容，科普知识的同时也能鼓舞更多饱经抑郁折磨的人看到曙光。

希望本书能让你了解抑郁，拥抱那只黑狗而不被它伤害。

希望我们都能不再害怕抑郁。

是为序。

岳晓东

首都师范大学心理学院教授

香港心理学会会士

香港心理学会辅导心理学分会首任会长

2023 年夏于北京

从实证角度疗愈"黑狗"

在抑郁康复领域，十分讲究和推崇以实证为本的循证心理疗法。过去数十年的实证研究显示，认知行为疗法对改善抑郁有明显的效果。自 2000 年起，我也一直在国内教授以认知行为疗法为主的循证心理疗法，强调心理学的理论与方法只有经受住临床的实证检验，才能真正让来访者获益。故此，我非常希望将汪瞻医生所撰写的这本有关抑郁的认知行为疗法著作，推荐给所有正经历抑郁痛苦的人和广大正奋斗于临床一线的心理同行。

本书以心理学上有关抑郁的实证研究开篇，从科学实验的角度展现了抑郁如何影响我们，带来诸如"注意偏差""奖惩不一""归因偏误"等"不相称"的挑战等内容。本书详述了现在有关抑郁实证研究的重要进展，比如关于冗思的认识，认知歪曲的发现，完美主义的心态转变等。

其后，通过 14 个心理干预小节，本书深入浅出地展现了一套针对抑郁的完整心理治疗流程。除了用文字展现心理疗法如何起效外，汪瞻医生也附上诸多结构化的图表并配合临床案例的改变历程，让读者更容易掌握和应用这些疗愈技巧，值得赞赏！

本书另一值得欣赏的地方，是第4章中对抑郁康复者的真实采访。7位曾经的抑郁者讲述了自己过往的挣扎与苦痛，以及他们如何在心理学的帮助下改变认知、积极行动，以管理抑郁的影响。这些讲述本身便极具疗愈力量。倾听抑郁康复者的心路历程，是本书的一个创举，实在难能可贵。

恭祝汪瞻医生通过在临床中十年磨一剑，终于成功出版本书。我也深信本书的出版将为中国千千万万正在饱受抑郁折磨的人带来曙光，让他们重拾内心的平和！

是为序。

陈乾元
香港中文大学医学院兼职教授
中南大学湘雅二医院精神科教授
广东省精神卫生中心荣誉教授
香港 MindCorp 主席
"元方心里"创始人
2023 年夏于香港

作者全面阐释了现代针对抑郁障碍的最有效的认知行为疗法。作者更进一步展现了近年来针对冗思、元认知、记忆、行为等心理过程的最尖端治疗方向，紧紧地抓住了抑郁障碍的心理治疗精髓。无论你是被那只叫"抑郁"的黑狗纠缠住不放的患者，还是要协助患者赶走它的治疗师，你的书架上一定要有这本书，这是一本不可多得的读物。

——黄炽荣
香港大学心理学系兼职副教授

这是一本干货满满、简明易懂、操作性强的好书。从理论到技巧和工具，再到临床案例，这本书让读者能更直观地去体验认知行为疗法的强大"疗郁"力量。我作为精神科医师，长期在临床一线，见过诸多抑郁者的痛苦和挣扎。相信此书的面世将为广大抑郁者以及临床心理工作者提供一套精准实用的"打狗棒法"。

——欧阳萱
中南大学湘雅二医院精神科教授、主任医师

目 录

前　言

拥抱那只叫"抑郁"的黑狗

当你翻开本书的时候，可能是你自己，或是你的心爱之人正陷入一场以抑郁为主的情绪困局——

也许只是一点小事，就能刺激我们本就敏感的神经，让我们变得易激惹或易感伤；

也许你会突然感到生命仿佛在一瞬间被抽干了活力，你不再能体验快乐为何物；

也许只是一次常见的心情低落，就在我们的穷思竭虑中愈演愈烈，在我们的心里形成了足以遮天蔽日的抑郁阴霾……

诚然，这些情绪上的变化折磨得我们痛苦不堪、精疲力竭，仿若一只巨型的黑狗，紧紧跟随着我们，吞噬掉了我们大部分的情绪情感，阻隔了我们与他人、与世界互动的大部分路径，将我们困于情绪的枯井中。

但是，面对当下这个情绪困局，我需要告诉你，你并不是孤身一人在迎接抑郁这项挑战。

面对抑郁，你我并不孤独

2022 年 2 月的《柳叶刀——世界精神病学协会抑郁症重大报告》指出，据统计，全世界每年有 5% 的成年人会经历重度抑郁发作。在高收入国家，约一半的抑郁者未得到科学诊治，而在中低收入国家，这一比例则高达 80%~90%。

新冠疫情带来了更多的挑战，如社会隔离、丧亲之痛、不确定性、有限的医疗保健服务等，很多人的心理健康因此受到影响。

世界卫生组织也在《2022 年世界精神卫生报告》中指出，2019 年，全球大约 10 亿人患有精神健康疾病；在新冠疫情暴发的 2020 年，全球抑郁者和焦虑者暴增了 25%。

《2022 年国民抑郁症蓝皮书》指出，在其调查的人群中，62.36% 的人经常感到抑郁。引发抑郁的因素包括情绪压力、亲子关系、亲密关系、职业发展等。而且，重度抑郁者群体呈年轻化趋势。蓝皮书调查数据显示，青少年抑郁率为 15%~20%；50% 的抑郁者为在校学生，其中 41% 曾因抑郁休学。

这些触目惊心的数字背后，隐藏的是抑郁等心理问题给人类带来的痛苦和伤害，它也在告诉我们：

抑郁不是"我"的问题，而是"我们"正在共同面对的一项心理挑战。

同时，与数以亿计的抑郁者共同面对这一挑战的，还有千千万万的精神心理从业人员和专家学者。他们正夜以继日，或奋斗在临床一线，为抑郁者们排忧解难；或沉思于实验楼里，为抑郁者们探寻新的希望。

有关抑郁，80% 可以康复

有关抑郁，我们不得不承认的是它的破坏力之强（严重时可危及生命），以及它的发作范围之广（16% 的人在一生中的某个时间会经历一次重度抑郁发作）。

但是，临床医生们发现，通过科学治疗、及时干预，抑郁缓解率可以达到 80%。

目前，已有充足的证据表明，无论是以认知行为疗法为首的心理治疗，还是药物治疗，它们都对抑郁问题有着显著的改善作用。

脑科学的进步让科学家们发现，认知行为疗法和抗抑郁药物通过影响大脑不同的部位来发挥作用。

抗抑郁药物很明显是针对大脑的边缘系统，因为边缘系统包含了大脑中主要的情绪通路。而认知行为疗法影响的是与逻辑推理等相关的大脑皮层（具体在前额叶）。

这两者的共同点在于它们都可以有效关闭大脑的情绪警报开关——药物作用于边缘系统上的"快"情绪通路，而认知行为疗法作用于大脑皮层的"慢"情绪通路。

所以，长期来看，掌握有效的心理学方法可以巩固疗"郁"的效果，降低抑郁复发的概率。

疗"郁"，从今天开始

古人云："千里之行，始于足下。"疗"郁"的过程，也是如此。看到这里的你，可能已经能察觉到自己现在的抑郁程度比 10 分钟之前有所降低。

抑郁想让我们将自己"关起来"，让我们"躺下来、哭出来"，通过"绝对化、灾难化、片面化"等歪曲的认知将我们拉入情绪的深渊。有关抑郁的部分心理学原理，将会以诸多实验结合临床案例的形式在本书的第一章中展现出来。

启动新的行为，会减弱抑郁对我们心灵的操控力度；升级新的认知，能打破抑郁套在我们心灵上的枷锁。

因此，本书的第二章将集中呈现循证有效的心理学方法，帮助我们重启应对抑郁的思维和行为模式。

这些方法基于认知行为疗法，并系统结合了接纳与承担疗法、正念认知疗法、积极心理疗法和元认知疗法的有效因素，通过 14 节易上手、可操作的心理训练，让我们在面对抑郁时可以不再仰赖本能去抗击，而是可以使用科学有效的方法来缓解。

当我们开始阅读并践行本书的理念与方法时，疗"郁"就已经开始起效。

告别抑郁，愿希望永存

希望是个好东西，也许是世间最好的东西。

——《肖申克的救赎》

这句经典的台词也是本书在最后一章"康复者说"中想要向各位读者展示的核心内容。

抑郁总是为我们营造虚妄的绝望感受，并将我们困于痛苦的循环之中。然而，真实的世界里，有人正实实在在从抑郁中康复。

除了科学的疗"郁"方案，这些康复者的故事也同样值得我们听到。

他们都曾经历过和我们一样的至暗时刻，却最终迎来了崭新的明天。

这个过程或许遍布荆棘，但越过荆丛的每个人都看见了更好的自己。

愿你我永远都心怀希望。

愿我们从今天起，开始能坦然面对抑郁，不再害怕它。

汪瞻

2023 年夏于深圳

第 1 章

剖析抑郁

第1节

不相称

那只黑狗最大的特征，

是与任何原因都不相称的抑郁心境。

在一个寻常午后，想象你一个人走在那条每日必经的小路上。

午后的小街很安静，徐徐的春风轻拂着你的脸庞。路上没多少行人，时不时传来几声鸟鸣，你像往常一样途经街边的幼儿园，穿过小小的街心公园，嗅到熟悉的面包店的香味，在亮着红绿灯的十字路口放缓脚步。

这一切都那样自然而又熟悉，不知你的目光今天将落在何处……

让我们来做一个简单的小测试。如果你在散步时遇到了图 1-1 中的场景，请你告诉我：哪一场景最吸引你的目光？

如果按照这些场景对你的吸引力程度从 1~5 分打分，那

图 1-1

么你分别会给这些场景打出怎样的分数？

请记住你的答案，心理学家或许可以通过这个测试，来推测你是否正处于重度抑郁的状态。

你可能会感到诧异：

重度抑郁的判断竟然可以如此简单？

为什么小小的 4 张图片会有如此神奇的作用？

这是因为上面展示的 4 张图片并非随机挑选，而是经过心理学家的精心设计。

它们源于凯洛夫等人在 2008 年做的一项心理学实验，而这项实验正验证了抑郁者的一项重要表现——注意偏差。

情绪的偏光镜

心理学家发现，当看到上面这组图片时，非抑郁者往往会体验到 4 种情绪状态，如图 1-2。

如果测试者目前没有恋爱的想法，那么流浪狗龇牙咧嘴的图片可能会最吸引他，毕竟这种情况威胁到了人身安全。

威胁　　　　　积极　　　　中性　　　　　消极

图1-2

　　当然，如果测试者正处于热恋状态或者渴望爱情，那么他很有可能会被情侣相拥的图片吸引，并产生温馨、甜蜜的感觉。

　　听起来上面的图片各有特点，会分别吸引不同测试者的注意力。但最让研究者们关注的现象是，如果测试者正处于重度抑郁的状态，那么他大概率会紧紧地盯着哭泣小孩的图片——抑郁者会花更多的时间去关注让人产生消极情绪的图片，而对于表现出积极情绪或中性的图片，他们大概率只会一扫而过。

　　任雨（化名）是个文静的姑娘，她学习成绩优异，是大人们口中的"别人家的孩子"。上高中以前，她很少被考试和成绩困扰，名列前茅的她从县里的普通初中考入了市重点中学的实验班。

然而，高一阶段的任雨却有点难以适应实验班的生活和学习，她发现自己的注意力开始不受控制，哪怕题目在能力范围之内，她也无法在规定的考试时间内专注答题：密密麻麻的试题仿佛一个接一个地要从笔尖溜走。进入高二后，任雨开始失眠，每天早晨天未亮便早早醒来，心情也总是莫名低落。

　　渐渐地，任雨出现了一些奇怪的状态——每次一拿起试卷，就有个声音在她脑海里响起："你这么没用，肯定做不出这些题目。你这辈子都完了，你就是个废物！"

　　任雨的父母非常担心她的状况，便陪着她去了医院的心理科。看到诊断结果后，任雨才知道自己正在经历重度抑郁发作，伴幻听问题①。

　　得知此事后的任雨产生了深深的无力感。

　　她发觉自从重度抑郁找上自己后，她的学习成绩便一落千丈。每次考试前她都特别害怕，她开始总盯着自己考砸了的分数，担心排名再度下滑。

　　在心理治疗的第一次会谈中，她绝望地告诉我："我就像老家河边那辆破旧的自行车一样，满身锈迹，我真是个没用的人。"

---

① 抑郁的一个亚型是伴精神病性症状的抑郁，出现妄想和幻觉是其症状表现。

当一个人深受抑郁困扰时，由于注意偏差的存在，他往往只会关注到消极事物，而这种关注反过来又会强化他的抑郁情绪。

大脑的注意力资源是有限的，如果我们总是将大脑的注意力集中在寻找和关注消极事物上，那么这种注意偏差就会像一副偏光镜那样，遮挡我们望向积极事物或中性事物的目光。

对任雨这样的抑郁者而言，一些她在抑郁前丝毫不会在意的小挫折，现在也会因为注意偏差这副偏光镜而被放大，导致与触发原因"不相称"的过度反应。

除此之外，抑郁似乎还会反复消磨我们的积极情绪，让我们不断贬低自己，让我们觉得自己一无是处。

我配不上奖励，我要惩罚我自己

林风（化名）是一位在上市企业任职的行政人员，拥有众人羡慕的社会地位和高薪酬，可是他却形容自己的工作状态如一只"停摆的钟"。

"我所有的同事都在进步，他们工作做得很好，能吃苦、爱加班，还利用业余时间去学习滑雪、飞盘和攀岩，我的领导也时常表扬他们。只有我，只有我一个人停滞不前。"

林风总是尽心地筹备单位的活动，也多次获得表彰。但他却觉得这些不值一提，他沮丧地对我说："这不是很正常吗？其他同事也都这样，我做得好像没有其他人好。"

在一次由林风负责筹备的单位座谈会上，主持人不小心把嘉宾的名字报错了，林风因此陷入了强烈的自我怀疑："主持人的手稿是我准备的，领导和嘉宾肯定要生气了，我的工作能力真的太差了。"

在林风眼中，自己取得的成绩不值一提，仿佛只有批评、辱骂、惩罚、否定才可以鞭策自己。

这让林风备受折磨，他时时陷入内疚和沮丧之中。直到确诊抑郁后，林风才知道让他过度惩罚自我的背后元凶是抑郁。

早在1977年，罗赞斯基等心理学家的研究就发现，与正常人相比，抑郁者往往会进行更多的自我惩罚，而自我奖励与赞赏却少得可怜（见图1-3）。

对于陷入重度抑郁的人来说，自己做得好并不值得称颂，因为他们认为别人也可以做得好。当他人赞赏自己时，他们会怀疑自己是否真的值得赞赏。而一旦遭到别人的否定，或者遇到事情进展不顺的情况，他们就会毫不犹豫地严厉惩罚自己。

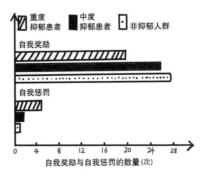

图1-3

此外，上述案例中的抑郁者们在措辞方面也表现出了惊人的一致性："我真没用！""我太差了！""都是我的错！"……这又是什么原因呢？

全都是我的错

苏力（化名）的朋友正在准备公务员考试，苏力觉得自己参加过的培训班不错，于是推荐给了朋友。成绩出来后，朋友考得不太理想，苏力就开始深深地自责："是我推荐培训班不当造成的，朋友没考好都怪我。"

看到这里，你可能已经坐不住了——苏力怎么会这样想？朋友没考好肯定有很多原因，苏力怪自己有什么用呢？

其实，根据心理科医生的诊断，苏力正处于重度抑郁发

014

作状态并伴有抑郁特征①，其典型的表现就是负面的归因②与过度的内疚。

心理学家马丁·塞利格曼在临床研究中发现，抑郁者们在归因方面表现出了惊人的相似性：他们的归因模式总是消极的，并且认为有很多事情自己无法掌控，并由此产生极其糟糕的心理感受。

然而，抑郁者往往存在归因偏差，总结的原因往往偏离真实原因，从而产生糟糕的心境。塞利格曼将抑郁者的归因方式分为3类：内向归因、概括归因和固定归因。

内向归因（"这是我的错"）指个体倾向于把消极的生活事件归结为个人的失败。

例如，有的人因一次项目失利或一场考试没考好，就责怪自己能力不足或不够聪明。他没有对原因进行客观全面的分析，比如项目失利可能是因为需要多部门协作配合，考试没考好可能是因为试卷难度过高，或者自己当天的身体状态不太好，等等。

内向归因往往导致重度抑郁者以自我为原因，向内寻找

---

① 重度抑郁发作的一种亚型，表现为无法体验到愉悦感，抑郁心境明显，抑郁常在清晨加重，早醒，明显的精神运动性迟滞或激越，明显厌食或体重下降，以及过度的内疚。

② 归因是指人们如何解释自己和他人行为的原因，是一种认知过程。

答案，一门心思谴责自己"没用""努力不足""不够聪明"，却忽略了客观存在的其他原因。

概括归因（"都是我的错"）指个体倾向于将抑郁性的归因方式推广到各种各样的问题上。

例如："如果我这次语文考试成绩不理想，那么我的数学考试成绩也不会好。""我曾经搞砸了公司的一个重要合作，这说明我不能胜任、不适合这份工作了。"

固定归因（"永远都不会变好了"）指即使在消极的生活事件过去之后，个体也会认为未来的情况永远不会好转。

例如："我曾拥有过一段糟糕的恋情，最后以分手告终，我想自己这辈子都没办法拥有美好的爱情了，我注定要孤独终老了。"

固定归因的抑郁者会觉得自己注定永远失败，一辈子都抬不起头来。

当我们的大脑没有被抑郁情绪侵袭时，我们很容易理解，未来其实充满无限可能。但是对于如苏力一般的抑郁者，当他发现朋友在公务员考试中失败时，他便看不到希望了。我们知道，考试一次失败了，还可以再考一次，或者重新调整自己的人生规划。但是，当抑郁充斥着苏力的大脑时，他已无法再去设想这些出路。

当被抑郁情绪包裹时，我们看到更多可能性的能力往往就会下降。

此刻，抑郁者的脑海中充斥着"我不行""我永远不行""所有的事情我都不行"的想法。这些与现实情况不符的归因方式，让我们的内心徒增纠结与痛苦，并导致更强烈的自我否定，塞利格曼将这种状态称为"习得性无助"。

20世纪60年代中晚期，塞利格曼及其同事做了一项经典实验。实验者把狗关在笼子里，只要蜂鸣器一响，就给狗施加电击（无害但会引起疼痛）。狗一开始会在笼中到处逃窜，但无论它们怎么做都无法逃出笼子，只能在哀嚎中承受电击的疼痛（见图1-4）。

多次重复实验后，蜂鸣器再次响起，而这一次，在施加电击前，实验者已经把笼门打开。你猜猜这时狗会做出怎样

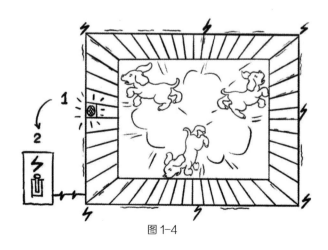

图1-4

的反应？

或许很多读者此时脑海里会浮现出这样一幕场景：狗飞速地冲向笼门，以便逃离电击。然而，实验结果却令人非常惊讶：打开笼门后，笼子里的狗非但丝毫没有逃跑的意图，还在蜂鸣器的嗡嗡声中开始倒地，电击还未到来，它们已然哀嚎不已，痛苦呻吟（见图1-5）。

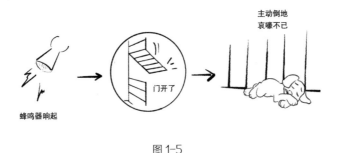

图1-5

笼门打开以后，狗本可以逃出笼子来躲避电击，却在电击到来前已然放弃挣扎，陷入绝望。这种状态被心理学家称为"习得性无助"。

令人感到欣慰的一点是，这个实验还有后半部分。

当蜂鸣声响起、电击还未到来时，在打开门的笼子里，实验者把绝望哀嚎（习得性无助）的狗从打开门的笼子里抱了出来，意在向它们传递强烈的信号：

你有得选，你可以逃，快走，快选择离开这个痛苦之源！

在实验者的反复努力下，几乎所有的狗都意识到自己有能力离开笼子。

最后，当蜂鸣声再次响起时，所有的狗都成功逃离了笼子。

比起狗，人类拥有更多能力来帮助自己摆脱抑郁的困境，我们可以寻求专业人士和科学知识的帮助。

当我们能主动意识到自己归因的倾向时，抑郁的"黑手"便仿佛打在棉花团中，破坏力急剧下降。再加上专业人士的指导，相信我们终将走出这片抑郁沼泽。

小结：抑郁是一场"不相称"的心灵感冒

不相称

抑郁者往往会因为一些在旁人眼中稀松平常的事情而陷入极度痛苦之中。他们的注意偏差、奖惩偏差、归因偏差的倾向在心理学中被称为"不相称"现象。

"当你感冒时，你吃感冒药一周会好，不吃感冒药7天会好。"

如果你稍一转念，就会惊呼自己上当了：一周不就等于7天嘛！

或许你还会质疑：感冒药凭什么存在？

大多数感冒药其实不是用来杀灭病毒，而是用于缓解感冒的各种症状的，比如鼻塞、流涕、打喷嚏等。但在此期间，为了防止感冒加重或诱发其他严重的疾病，我们还要做到不吃冰棍、不喝冰水、不吹冷风等。

抑郁是一场心灵的感冒。

本节我们谈论了3项抑郁专属的"不相称"特性：注意偏差、奖惩偏差、归因偏差。就像感冒患者在吃冰棍、喝冰水、吹冷风后会加重感冒一样，抑郁者也会因为这些倾向而加重"心灵的感冒"。

其实，治疗抑郁和治疗感冒一样，都是在"对症下药"而非"祛除病根"。

每次接待来访者时，我都需要向他们澄清：

消灭抑郁从来不是心理治疗的根本目的。

如果将大脑比作一家餐厅，那免不了会有一些抑郁客人的光临。

不过这些客人究竟是在店里肆意破坏、胡作非为，还是逛一圈后乖乖离开，却是我们可以想办法来控制的。

第 2 节

冗思

停止流动的水难免腐臭，

僵化不前的思维亦然。

让我们设想一个情境：

周末的中午，你和心目中的男神 / 女神约好出去吃饭。

赴会前，你精心打扮，在镜子前反复端详，对自己今天的穿着打扮非常满意。你在脑海中想象着约会时的美好，感到格外开心。

在路上，正当你经过一个水坑时，一辆车呼啸而过，污水溅了你一身。望着飞驰而去的汽车，此时的你会做何反应？

是气到原地爆炸、破口大骂，还是呆若木鸡、不知所措？

或许你还会这样想：

"为什么被溅到的偏偏是我啊？"

"凭什么溅我一身水啊？"

"这一身脏水让我接下来该怎么办呀？"

你发现了吗？以上这些想法都没有帮助我们早点离开这个水坑。

也就是说，在这件事结束之后，我们的思维还没有从这件事中跳脱出来。那么，于个人而言，这件事的影响一直都没有结束。

阻挠我们离开水坑的思维过程即冗思，它会让我们的思维一直停留在过去的错误与遗憾之中。

冗思不仅是导致抑郁的罪魁祸首之一，还会维持并加重抑郁。

此时，你若不立即离开当前的水坑，可以预见的是，过不了多久，下一辆车又会再溅你一身污水。

如果你一直停留于此，污水将会一遍遍地朝你飞溅而来。

同理，如果我们无法克服过度冗思，那只叫"抑郁"的黑狗也将一直撕咬并折磨我们的心灵。

具体而言，冗思是一种试图用反复思考或高频思考摆脱不愉快体验的认知挣扎。但这种挣扎不仅不会让我们逃离不愉快体验的沼泽，反而会令我们在其中越陷越深。

心理学研究表明，当问题出现后，那些陷入冗思的人更容易变得沮丧，他们的思维冗余且僵化。令人悲伤的想法反反复复地在脑海里翻滚，令人想不明白又停不下来，徒增"思考的痛苦"。

通俗地讲，这就是钻牛角尖，这种做法会让人越钻越狭隘，越钻越僵化，越钻越痛苦。

冗思最常见的后果就是抑郁发作，让人长时间心情低落、烦躁不安、压抑无比。

心理学家发现，比起不常冗思的人，在压力事件后习惯冗思的人更有可能体验到抑郁情绪。而且抑郁水平越高的人，越难从消极情绪和负面思维中抽离出来，并出现更多的冗思。

被冗思纠缠的女性

因为与男友分手了，姚琴（化名）的情绪变得非常糟糕。

在过去的几周里，她每天都郁郁寡欢，吃不下饭，睡不着觉，一直躺在床上反复诘问自己。

在经历了长达两个月的折磨之后，姚琴终于来到心理科寻求专业人士的帮助。

心理医生带着姚琴检索了这两个月以来她每天必然会做的典型之事，姚琴惊奇地发现，她每天竟然会花8到10个小时来思考和男友分手的事情。

"凭什么我要经历这么痛苦的事情？"

"我不理解为什么我们最后会分手。"

"我好难过，他怎么能表现出一副完全无所谓的样子？"

这些问题萦绕在姚琴的脑海里挥之不去，但她却一直都没想出个所以然来，高频的思考导致她不愿离开房间，想到痛处时她还会不时地啜泣。

心理医生向姚琴讲解，正是不停的冗思给她带来了重度抑郁的体验。这时她才恍然大悟：过度盯着分手这件事，让她的生活充满了沮丧和绝望。

不少女性都会陷入与姚琴类似的情境中，"想太多"是大众习惯给"多愁善感"的女性们贴上的标签。

冗思概念的提出者苏珊·诺伦－霍克西玛教授在研究中发现，自青少年期开始，女性冗思的平均次数增长为男性的两倍之多，与此相对应的，女性的抑郁发作率也变为男性的两倍。

心理学家乔斯和布朗在 2008 年的研究中进一步发现，在整个青少年期，男孩和女孩所报告的冗思次数差异随着年龄的增长愈加显著。

该项研究一共调查了 1218 名 10 ～ 17 岁的学生，评估他们冗思的频率和抑郁程度。如图 1-6 所示，童年晚期的男孩和女孩冗思次数的差异较小，随着他们进入青少年期，这一差异显著变大，女孩更容易进行大量冗思。

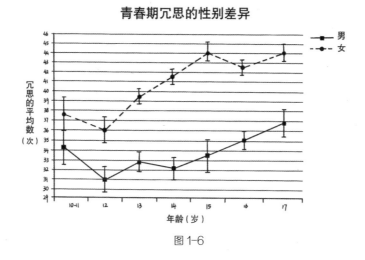

图1-6

同步的抑郁程度研究显示，无论男孩还是女孩，冗思越多的学生越有可能出现抑郁问题。

那么，冗思到底运用了怎样的诡计，让我们如此容易跌入它的圈套呢？

冗思的信念帮凶

胡静（化名）的女儿发育迟缓，为此她四处寻医。

当她从某位"半仙"那儿得知是因为孩子的生辰八字不对时，她陷入了深深的自责。

她不断反问自己：

"为什么当年偏要顺产？"

"如果剖腹产，女儿是不是会更加健康？"

"如果因为我耽误了孩子的黄金发育年龄，孩子该怎么办呢？"

这些想法仿佛脱缰的野马，一旦出现在胡静的脑海中，就肆意奔腾，无法停止。

当她回过神来的时候，半天的时间早已溜走。

在这苦思冥想的半天里，她既没有想清楚这些问题的答案，也没有照顾好自己的女儿。

她向心理医生哭诉，不仅思考的过程让她越发抑郁，而且她完全停不下来，对这些想法束手无策。

"思考难道不是帮人解决问题的吗？我好像天生就爱这样思考。"胡静不解地向心理医生提出了自己的疑问。

胡静的案例生动体现出，冗思的信念"帮凶"是如何轻易就将我们赶入它们所布置的罗网之内的：

信念1："我没意识到自己在冗思"

哈佛大学心理学教授丹尼尔·吉尔伯特曾做过一项关于冗思的研究：在调查了2000多人后，他发现，很多人在面对生活中的各种挫折、困境与挑战时，近一半的时间内，想的都是与解决问题无关的内容。

比如"做不好怎么办？""我真的有能力做到吗？"等，他们不仅不会直截了当地思考解决方法，甚至都没有意识到自己正在进行完全没有任何帮助的思考。

对冗思这种现象缺乏认识，是人们容易陷入冗思的一大原因。

信念 2："我无法停止冗思"

持有这种信念的人认为自己对思维内容和思维过程缺乏控制能力，且很难通过学习来掌握这种能力。

其实，我们绝对有办法控制冗思，其中最简单的一种就是在意识到冗思出现后，主动限制冗思的时间。

具体来说，我们可以专门设置一个冗思时刻，时长 5 分钟到 10 分钟，通过设置闹钟来提醒自己冗思时刻已经结束。

闹钟未响前可以肆意冗思，闹钟响后立刻开始做一件与冗思无关的事情。比如打开冰箱，从里面拿一个苹果来啃或拿瓶水来喝。

当然，打开冰箱拿一个苹果来啃或拿一瓶水来喝等行为，并不是要立刻消灭冗思，而是降低冗思的影响力。

人类大脑的注意力资源是有限的，如果将这些资源

100% 交给冗思，那么冗思就会产生巨大的破坏力。

在冗思时做任何与冗思无关的事情，都会分走一部分注意力资源，冗思的影响力也就随之降低了。

当我们辅以后文介绍的更多的心理学技巧后，冗思将会变得可控，不再肆意妄为。

信念 3："冗思也是有好处的"

我的很多来访者在初次听到"冗思"这个概念后，会辩解说冗思是大脑的产物，其存在是有价值的。

确实，冗思在一些时候能解决一些问题，但与耗费的心神和带来的副作用（如抑郁）相比，冗思无疑是饮鸩止渴。

这里需要澄清的是冗思与沉思的区别：

冗思指只有思考而没有进展，冗思的人会提一些无解的问题或进行一些消极的表述，比如"为什么我这么惨？""我真是个没用的垃圾！"等。

沉思指能沉得下心去思考如何开展进一步的行动，比如"我可以找谁提供帮助？""解决这些问题我需要做哪些事情或学习哪些技能？"等。

信念 4："冗思是基因决定的"

近期一些研究表明，人类可能存在"冗思基因"，意即有些人可能天生就具有更强的冗思倾向。

看到这里，你可能会担心自己也带有"冗思基因"。那么，如果真的带有"冗思基因"，是不是就意味着自己没救了呢？

别担心，携带基因和基因表达是两个不同的概念。具有先天的"冗思基因"并不意味着我们注定逃脱不了冗思的折磨。因为人类的大脑具有终身可塑性①，我们可以通过学习新的知识技能等来重塑大脑。

在关于冗思的案例中，我们还得以了解抑郁为何会带来身心痛楚。

越想我越心痛

罗平（化名）紧盯着朋友圈的评论区已有半个小时了。

在半小时之前，他注意到好友发布了一条略显沮丧的朋友圈。罗平在认真思索了一阵之后，用心地评论了大几百字，希望能有效地鼓励到好友并得到好友的反馈。

但是，这半小时内罗平没有等到任何回复。

他的脑海中突然冒出很多消极的想法：

---

① 可塑性指的是人类的大脑能够根据经验来调整自己。例如，接触新事物或学习新技能时，神经元的树突会生长并形成新的突触，从而与不同的神经元建立新的连接。随着时间的推移，对神经连接的重复刺激会生成更强大、更密集的神经通路。现代脑科学证明，这种可塑性可以伴随人的一生。

"为什么他这么久还不回我呢？"

"我是不是写了什么话冒犯到他了？"

"我好像又搞砸了一段友谊。"

罗平任凭这些想法在脑海里翻腾，当冗思进行到两个小时的时候，一场重度抑郁发作的风暴席卷而来：他明显感到自己的情绪急剧恶化，胸口发闷，呼吸困难，身体轻微发抖。冗思撕扯着他的内心，让他无比痛苦。

为什么仅仅思考就让罗平的身心出现如此剧烈的反应呢？

首先，当冗思开始蔓延时，我们的身心会因此而深陷痛苦的泥沼。

此时的我们只关注负面信息，疯狂回想曾经的糟糕体验、情绪和感觉。

这与本书第一节中所提到的"注意偏差"高度一致：当我们开启冗思模式时，我们的大脑会倾向于不断进行消极的分析，执着于无解的问题，我们会沉溺于负面的信息，不断得出更负面、更消极的结论，并产生"糟糕至极"的情感体验。

同时，冗思可能会无意间引导我们不自觉地夸大自己感知到的身体痛苦。

冗思可能会通过几种生理途径导致真实的躯体痛苦，比如引起压力激素皮质醇的过量分泌，以及对静息心率和动态血压存在有害影响。

还有大量研究显示，冗思与疼痛和躯体症状显著相关。在加拿大的一项研究中，沙利文等人使用疼痛灾难化思维量表检查了 150 名慢性疼痛患者后发现，冗思是致残的一个显著预测因子。在疼痛灾难化思维量表的冗思分量表中，得分最高的被试报告了极大程度的疼痛和痛苦。

当大脑被冗思束缚住时，我们往往不去采取行动解决问题，进而产生糟糕的身心体验，并且认为世界本就让人绝望。

小结：加牛奶还是苦瓜汁？一杯创意咖啡的比喻

抑郁就像一杯咖啡，它会让人觉得苦，但真正让人苦不堪言的是不停往咖啡中倒入苦瓜汁的过程，即冗思。

什么时候喝咖啡？往咖啡里加牛奶还是苦瓜汁？心理学的研究告诉我们，决定权在每个人自己手上。

主动控制冗思发生的时间和时长，我们就能很好地降低其对抑郁的影响。（在后面的"元认知"一节中，我会系统地介绍控制冗思的临床方案。）

所以，在抑郁这杯咖啡里，除了加苦瓜汁外，我们也可以选择添加更为可口的牛奶或椰浆，得到一杯口感丰富、颇受欢迎的"生椰拿铁"。

那么，你会选择添加什么呢？

第 3 节

梦 的 研 究

梦里低头，

永远看不见我的裤子……

裤子不翼而飞，爱人或亲人突然离世，自己被霸凌或被冷落……千奇百怪的糟糕梦境，是大多数抑郁者共同的经历。

他们似乎是美梦的绝缘体，即使从未有过类似的糟糕经历，噩梦也往往会接二连三地在暗夜里向他们袭来。

面对抑郁者的噩梦，精神分析疗法的创始人弗洛伊德这样解释："无意识冲突和童年早期形成的敌意情绪在抑郁的形成中起到了关键作用。"

1917 年，弗洛伊德在他所提出的"愤怒内化论"中指出：当人面对丧失或挫败，愤怒情绪无法宣泄时，可能会将愤怒转向自己，进而导致抑郁，并且这种愤怒还会在梦中被反复表达出来。

彼时，精神分析大行其道，追随者们拿来就用，鲜有人去验证这些假说的真实性。

直到半个世纪后，一名叫亚伦·贝克的心理学家首次对抑郁人群的梦开展了循证医学^①的研究，尝试客观地解释抑郁者的梦境。

改变心理学的梦境研究

贝克做了这样一个假设：如果精神分析的理论是正确的，那么抑郁人群的梦中关于敌意的主题一定比非抑郁人群的多。

然而，临床实验的结果令他惊讶：在抑郁组志愿者的梦中，关于敌意、攻击的主题（比如被追杀、愤怒的争吵场景等）相对较少，关于缺陷、剥夺和失去的主题（比如没穿裤子的自己、朋友冷漠的眼神以及爱人的离开等）相对较多。这些主题与他们清醒时的思维恰恰是对应的。

基于临床实验的初步结论，贝克又开展了大量访谈。

在访谈中贝克了解到，比起心理健康人群，抑郁者会自动化地使用消极的认知模式进行思考。

---

① 通俗而简单地讲，循证医学就是遵循证据、依据的医学。

抑郁者身上常见的消极认知模式有两种：

一种是负面联想（比如提到学校会直接联想到霸凌），另一种是自我贬低（比如认为自己不够好、不值得被爱等）。

基于此，贝克开始尝试帮助抑郁者识别、评价及应对他们的消极思维。令人欣喜的是，贝克的治疗方式十分有效，他们的抑郁状态都得到了不同程度的改善。

此后，越来越多的临床研究进一步证明了贝克的认知理论的有效性。贝克也由此创立了闻名世界的认知行为疗法，并于 2006 年获得了拉斯克临床医学研究奖[①]。

生于抑郁家庭的心理学家

亚伦·贝克被评为有史以来最具影响力的十位心理学家之一，然而他的成长经历却非常坎坷。

贝克出生在一个犹太移民家庭，他是家中最小的孩子。7 岁时，他的手臂意外折断，又感染了败血症。疾病和不幸的降临使他从小感到焦虑和恐慌，学业也一度被耽搁。

贝克的原生家庭并不完美，他的母亲患有抑郁症，面对

---

① 拉斯克临床医学研究奖是美国最有分量的生物医学奖项，是医学界仅次于诺贝尔奖的一项大奖。拉斯克临床医学研究奖评委会主席称"认知疗法是 50 年来精神疾病治疗领域最具重要性的进展之一"。

生活的种种遭遇，她常常表现出悲观、消极的态度。当贝克留级时，母亲这样对他说："你天生不如别人聪明，这是无法改变的事。"

然而，孩童时期的贝克似乎就颇具"反叛"精神，丝毫没有听命于母亲对他的"定义"。他坚定地对自己说："如果我掉进洞里，那么我就自己爬出来，因为我认为自己可以做到。"于是贝克努力自学，最后竟比同龄人提前一年完成学业。

抑郁的家族史并没有让贝克被抑郁支配，反而成为他开展抑郁研究的最初动力。

1954年，贝克进入宾夕法尼亚大学精神医学系学习。

20世纪50年代，精神分析疗法是研究精神疾病的主流方法。当时的系主任肯尼斯·阿佩尔是一位精神分析学家，同时也是美国精神医学协会主席。由此，贝克开始在美国精神医学协会接受正式的精神分析训练。

然而，精神分析学没能解开贝克心中的疑惑，他曾这样描述上完第一堂精神分析课后的感受："我认为这些论述毫无根据，我完全看不出它有什么合理的地方。"

在充分了解了精神分析学的理论之后，贝克逐渐发现，抑郁人群的一些行为和特征无法被解释。于是他决心放弃精神分析取向，转而开始探索认知取向。

当贝克第一次阐述自己独创的认知理论时，当时的精神分析学家把他视为学界的耻辱。他们这样评价贝克："没有接受良好的分析""既没有能力理解他人，也没有完全理解自己"。

可以预见，贝克仍像孩童时期那样，不会因这些批评和贬低而感到挫败。

怀揣着对心理学的强烈好奇心，秉持着求真求是的精神，自 1960 年后，贝克彻底抛开精神分析学的理论构架，从认知这个新奇的角度开启了自己的独立研究。

1976 年，贝克发表了名为《认知疗法和情绪紊乱》的论文，这标志着他独创的认知疗法（后更新为"认知行为疗法"）获得了学界的认可。

认知行为疗法诞生的过程真可谓一波三折。一方面，当时以精神分析为主的心理治疗无法经过实证检验，有效性难以得到证明，遭到了医学界的口诛笔伐，因此从事心理治疗容易被视为招摇撞骗；另一方面，贝克的做法又被看作是对主流心理治疗的一种反叛，因此遭到了无数精神分析人士的孤立。

种种困难都没能阻止贝克从事临床研究的脚步，循证医学的思想已经在贝克的心里扎下了根，他逆流而上，持续开展了一系列临床试验研究，最终从科学角度证明了认知对于抑郁康复的关键作用。

回顾认知理论和认知行为疗法的发展历程，贝克这样说："我希望我在精神病学和精神健康领域 60 年来的所有努力，能证明我一直在运用心理学原理，去创造一个更美好的世界。"

无数事实证明，贝克真的做到了。认知行为疗法的光芒点亮了抑郁者的心灵，无数人从中获益。这个世界因为他的努力和坚持，出现了一些美好的改变。

认知三联征：无用、无助、无望

杜缊（化名）最近怀疑丈夫在外面有人了，虽然丈夫努力表现得和平时一样，但他时不时地夜不归宿，这让杜缊的心里不停地打鼓。

祸不单行，儿子因为在学校打架被处分，杜缊被老师叫去学校，她恨不得在老师面前找个地缝钻进去。

"都是因为我没有吸引力了，老公才不愿意回家。"

"都怪我管教无方，孩子才在学校里惹是生非，这次的处分得给孩子带来多大的负面影响啊！"

杜缊不停地自责，面对发生的一切，她把错全部归咎于自己。

杜缊无助极了，当她终于鼓起勇气试着向朋友倾诉时，朋友却很不理解她，说是她自己想太多了。

听了朋友的话，杜缊彻底绝望了。

在心理医生面前，杜缊吐露了自己经历的糟心事和自己的负面想法，她不由得失声痛哭起来。

心理医生一边安慰她，一边耐心地给她解释——其实，长时间以来在杜缊脑中盘踞的种种负面自我评判，正是抑郁者身上十分典型的"认知三联征"的表现。

"认知三联征"是贝克的认知理论中的核心概念，即无用、无助、无望，它们分别对应抑郁者对自己、对世界、对未来所持有的消极且僵化的看法。

首先，抑郁者觉得自己一身缺点、毫无用处且不讨人喜欢。他们甚至认为自己的生活之所以不如意，是因为自身缺点太多。比如杜缊会将丈夫夜不归宿、孩子在校打架等全部归咎于自己。

其次，抑郁者对周遭的人和事持消极看法，认为世界毫无光彩、前路充满阻碍，他们同时觉得身边的人对自己提出的要求和给出的反馈超出了个人的接受范畴。比如杜缊认为朋友的反馈意味着朋友无法理解自己。

最后，抑郁者对未来持消极态度，感觉人生灰暗、没有出路，就像杜缊深信自己的未来只会越来越糟一样。在面临生活或工作中的任务和挑战时，不论难易，抑郁者总在事前就开始自我否定。

认知歪曲：大脑的信息处理偏差

柯襄（化名）是一名高三学生，她已经连续几次都没有考到理想的分数了。

在她的成长过程中，"必须考高分才能上好大学，上了好大学才能有好未来"的论调甚嚣尘上，为此她战战兢兢地埋头苦读了十几年。

"完蛋了，我再也考不到之前的分数了。"

"如果继续这样下去，我的人生还有什么意思呢？"

"书也看不进去了，再这么下去，我活着还有什么意义？"

"我真是个废物……"

这些想法在柯襄的脑海中翻腾不止，只有痛楚才能让她的大脑安静点。

最近，她对学校也产生了明显的恐惧反应。

每天一进学校，她就好像看到老师正用失望的眼神看着自己。

除了最核心的认知三联征外，贝克发现，抑郁者还会把一些常见的挫折视作灾难性的事情。

因此，对抑郁者来说，即使是在多数人看来微不足道的小事，诸如出门忘带钥匙，在餐厅无意间弄洒饮料，提出的要求被对方拒绝等，也有可能成为引发重度抑郁的导火索。

抑郁者之所以会这样，是因为他们的大脑在处理信息时产生了偏差和错误，心理学上称之为"认知歪曲"（cognitive distortion）。

贝克的研究表明，有心理障碍的人往往存在以下几种常见的认知歪曲：

1.灾难化思维（"糟糕至极"）：在忽略客观事实的情况下，倾向于对将来可能发生的事情做出最坏的预测。例如，上文中的柯裏对未来做出糟糕的预测。

2.绝对化思维（画地为牢）：做事追求完美，认为交给自己的每项任务都是"一定""必须"或"应该"要完成好的，必须杜绝所有潜在的风险。例如，柯裏认为自己必须取得好成绩，并将其内化为僵化的规则，一旦成绩不理想，便会产生强烈的内疚感和挫败感。

3.片面化思维（以偏概全）：总是专注于消极信息，以偏概全、断章取义，并得出消极结论。例如，柯裏依据几次考试失利而推导出"人生没有意思"的结论。

4. 自我价值感外化：将自我价值寄托于他人的评价。与柯襄类似的抑郁者很容易过度看重权威的评价，尤其无法接受权威对自己表现出一丝失望的感觉，甚至有时候这种失望其实只是他们自己想象出来的。

5. 乱贴标签：随意对自己或他人进行消极评价。例如，柯襄轻易地就给自己贴上了"废物"的标签。

类似这样的认知歪曲的例子在抑郁者的生活里俯拾即是。在贝克看来，抑郁者很可能觉察不到自己的思维方式是消极的、不合逻辑的。但是，认知行为疗法作为当今心理治疗界的主流方法，已被证明可以有效改变抑郁者的认知歪曲。

至于具体的操作方法，我将在本书的第 2 章中详细展开讨论。

小结：致"郁"还是治"郁"？——贝克的选择

贝克在母亲患有抑郁症的情况下，凭借自己的决心和努力，成了治疗抑郁的一代心理学大家，他的认知行为疗法更是造福了万千抑郁人士。

无独有偶，《天生变态狂》的作者詹姆斯·法隆是研究杀人犯大脑的专家，他偶然发现自己也是携带"犯罪基因"的人。然而他并没有变成罪犯，而是成了研究犯罪的专家。

究竟是致"郁"还是治"郁"？

当我们不再向消极想法这类大脑产物屈服时，我们已然是在努力与来自基因的"诅咒"抗争，并从中汲取改变自己思维与行动的力量。抑郁这只妖猴也就翻不出大脑的"凌霄殿"，尽收于认知的"五指山"。

让我们闭上眼睛，静静回味这一章节，记住此刻内心的宁静之感。是的，就在此刻，心灵的疗"郁"正悄然发生着。

第4节

完美主义

完美主义是让人抑郁的捷径。

万物皆有裂痕。然而，并非万物都能接受裂痕。因为存在一种叫作完美主义的心理状态。被这种心态控制的人，面对满分为100分的考卷，绝对不会仅仅满足于"及格万岁"（见图1-7）。

完美主义者的标尺

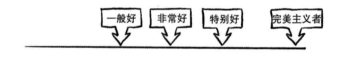

图1-7

泰勒·本－沙哈尔教授在《哈佛幸福课》中将完美主义定义为"对失败的失能性恐惧"，这种恐惧在我们的生活中十分常见，尤其常见于我们最在意的方面。

这种极度追求完美，且害怕出现瑕疵的倾向，会让我们变得患得患失、战战兢兢，过分在意外界的评价，从而定下不切实际的高标准。

从一举多得到一无所获

舒婷（化名）是个典型的完美主义者。

她从小就被要求做事一定得考虑得面面俱到，因此，她一直被完美与人生的美满和成功深度绑定。她认为任何问题都可以找到一个完美的解决方案，一举多得是她做人做事的第一准则。

这个准则让舒婷在学生时代无往不利。然而，在进入社会后，她发现自己很难践行这个准则。

作为一名临床医生，完成交班、查房、看诊等日常的工作已经让她精疲力竭，拿课题、写论文、评职称更是让她忙上加忙。

直到一通催婚的电话彻底压垮了她。

舒婷开始变得怠惰，班不想上了，谁的电话也不想听，只想在床上静静躺着。

虽是躺着，但她其实很早就醒了，只是不想起床也不想看手机。

她在苦思冥想，希望能想出一个只需一次努力便有三重收获（看好病人、评上职称、找到对象）的完美解决方案。

结果嘛……自然是至今仍一无所获。

这样的她即使每天什么都不做也时常感到心力交瘁。

申请课题的截止日期将近，她却无动于衷。科里的主任发现了她的抑郁问题，要求她来到了我的诊室。

"所以，最近你一举多得地解决了多少次麻烦呢？"我看着在沙发上抓耳挠腮的舒婷问道。

"呃……"她努力回想了一下，"好像一次也没有，真的一次也没有。"

"是的，这就是完美主义的代价——每天有关完美的思考足以让你过度内耗，行为上表现出回避拖延。随后，抑郁便接踵而至。"

很多人追求完美主义，认为这样就会让自己出人头地、一劳永逸。事实上，越苛求完美就越容易生病，总是像舒婷那样想着一举多得的人往往最后一无所获，蹉跎岁月后还要懊恼自己为什么无法做到完美。

托马斯·柯伦与安德鲁·希尔两位心理学家的研究显示，比起以前的大学生，现在的大学生追求完美的程度大幅加深，这可能是当代青年人心理健康问题高发的重要原因之一。

当前已有大量的实证研究表明，完美主义程度与抑郁水平有很强的相关性。

过于追求完美的人，往往会把微不足道的消极反馈当作自己的现实缺陷："达不到理想中的标准，就证明现实里的我很没用，我再也不会变好了。"这种夸大式的认知歪曲，会让完美主义者产生强烈的"无用"与"无望"感受。

苛求完美使得身心俱疲

雷利（化名）因为项目计划书写不出来已经懊恼了数周之久。

这已经不是他第一次这样了，似乎每个项目计划书的撰写过程都是他的抑郁发作期，折磨得他死去活来。

现在，情况已经演变为刚交上这次的项目计划书，他就立刻开始担心下一次的项目计划书。

其实雷利的计划书每次都能获得很多认可，许多会议讨论时的粗略决议得以落实，到手的奖金也在肯定他的能力和付出。

但这些还不够。

在雷利看来，还有提升的空间，还有未预料到的因素，还有未实现的收益……

"如果项目计划书没有一次通过或者甲方稍有不满，就说明我准备得很不充分，就说明我是个废物。"

"我本可以做得更好。"

…………

这是雷利日常的自我对话，也是他最近开始变得乏力的根源所在。

近期他偏头痛的老毛病又犯了，他也总是感觉精力不够用。

更让他感到忧心的一点是，他开始厌恶自己曾经引以为豪的工作。

完美主义者高标准、严要求，这不仅会使人疲倦和精力衰竭，也会引发诸如偏头痛、肌肉劳损、肠胃痉挛等躯体症状。

完美主义者的某些要求脱离了现实，这常会给他们带来强烈的职业倦怠感。他们所设的这些标准，不像是用来鼓励自己追求成功的，反倒像是用来强调自己是多么失败的。他们还会不断地给自己洗脑："我有一个失败的人生，我处处不得志、什么都做不好。"

是罚金，还是入场费？

在日常生活中，如果遇到了一些瑕疵，比如考试时失误，或者谈判不够如意，再或者演讲中有一句磕巴……那么你会怎么看待这些瑕疵呢？

如果你认为瑕疵是一种惩罚，是在证明自己学习不努力、准备不充分以及自己不够完美，那么这就是一种病理性的完美主义。

如果你认为瑕疵没什么大不了，它是我们走向成功的门票，那么这就是一种追求卓越的心态。

对于瑕疵的态度，正是病理性的完美主义和追求卓越的区别所在。

当我们追求卓越时，瑕疵是一种动力，能让我们更加努力地工作。而在完美主义者眼里，瑕疵被视作一种缺陷、一项惩罚，他们丝毫不能容忍瑕疵的存在。这是他们出于对潜在失败的恐惧而采取的回避行为。

把瑕疵看作"进入美好或成功等乐园之前需要支付的入场费"，而不是"犯错之后的罚金"，这种心态的改变看似不起眼，却具有深远的影响和长期的价值回报。在面对那些因完美主义而变得抑郁的来访者时，我常常会建议他们进行心态上的转变。

下面的表格中记录了部分我和来访者一起探索的主题，通过这种直观的对比，我们更容易看清完美主义的心态是如何让我们变得抑郁的，而追求卓越的心态又是如何让我们持续进步并长期获益的。

主题	完美主义	追求卓越
进入新环境、接触新事物	如果我不能迅速适应、不能很快做出成绩，那就说明我的能力很差，但凡遇到点新的东西我都会束手无策，我早晚会被社会淘汰	如果我不能迅速适应、不能很快做出成绩，那最多只能说明我的适应能力不够强，接下来我会有针对性地弥补这一短板，让自己不再惧怕新环境和新事物
人际关系	如果他人对我产生了负面评价，那就意味着我在别人眼里是一个很可笑的存在	如果他人对我产生了负面评价，那可能有多方面的原因——我确实没做好，或者这个评价根本就是空穴来风。假如是前者，我可以及时反思，下次努力完善。假如是后者，事情做得再好也不可能让所有人都满意，我没必要自责
过往的错误	这些错误是我人生中的污点，只要它们还在，我就始终是一个很差劲的人	刻意忽视或极力否认这些错误反而会放大我的焦虑，如果我能正视它们并从中总结经验，那这些错误也可以是一笔宝贵财富
回避拖延	如果我不去做这件事或不提交这份方案，就不会发生因做得不好而被批评的情况，也能避免暴露自己的缺陷与不完美	如果我不去做这件事或不提交这份方案，那么的确可以避免被批评的情况。但是一直待在舒适区的话，我的能力就不会有任何提升。相反，即使我这次完成得不够理想，至少我知道了今后努力的方向

面对完美主义产生的消极影响，心理学家杰夫·希曼斯基也给出了4项通用的建议：

1. 区分轻重缓急

把每件事都做到完美的想法既不现实，也会给人带来巨大的压力。最高的标准应该匹配最重要的事情。

2. 勇于尝试

出现瑕疵和犯错误常常是非常宝贵的学习经历，我们不应该惧怕它们的出现，而应该将其看作提升自我的机会。

3. 向榜样学习

联系那些在相关领域内已经做得很好的人，问问他们是如何应对挑战和完美主义的。

4. 改变奖惩规则

完成任务后，即使结果没有那么完美，也是值得奖励的。适当的奖励能增强我们的信心，并让我们思考今后该如何做得更好。

小结：裂痕是光照之处

很多人之所以崇尚完美主义，是因为他们认为这样做可以让自己变得优秀，但有时越完美越抑郁。

追求卓越没有错，不过苛求完美就会消耗精力、浪费时间、带来麻烦。正如伏尔泰所说："完美是优秀的敌人。"

健康的完美主义应该是在接纳瑕疵的前提下追求卓越。在这一状态下，我们不苛求完美，而是将完美视为动力，鞭策自己爬得更高、看得更远。

允许不完美和瑕疵的存在，允许自己在努力之余还有喘息的时间和回头的余地。我们可以试试不和自己较真，接纳存在遗憾的生活。正如著名诗人莱昂纳德·科恩的经典吟唱："不够完美又何妨？万物皆有裂痕，那是光照进来的地方。"

第 2 章

解忧之道

从本章开始，我会重点讲述如何克服抑郁情绪的影响，实现自我疗愈。本章的所有治疗方法均具有心理学研究基础，案例中的来访者也得到了这些循证方法的有效帮助。

本章涉及的方法众多，因此我在开篇处设置了《解忧指引表》，让各位读者对这些方法有一个大概的了解，以便在需要时可以更精准地找到并掌握相应的方法，拥抱抑郁，搞定消极情绪。

解忧指引表

情境	参考章节	注释
想要为情绪建立新的反应系统时	第 1 节　重识情绪 第 2 节　识别僵化思维	建议日常练习第一、二节的方法，以便从新的视角来看待和记录情绪，增强对情绪的觉察能力
意识到消极情绪的存在并试图做些改变时	第 3 节　认知重塑 第 5 节　元认知 第 8 节　行为激活	认知重塑和行为激活属于认知行为疗法中的基本方法。当你意识到情绪正在影响自己时，你可以应用它们来改变自己对情绪的惯性反应。元认知疗法作为最前沿的认知处理方案，可以帮助我们有效处理冗思的问题

情境	参考章节	注释
面对暂时无法改变的情绪时	第4节　认知解离 第9节　自我关怀 第11节　全然接纳	有时情绪就像一场席卷我们大脑的海啸，当即做出改变可能过于困难。我们可以采取以认知解离、自我关怀和全然接纳为主的策略，循序渐进地降低消极情绪的破坏力
当情绪引起强烈的身体反应时	第6节　放松 第7节　正念	如果消极情绪伴随一些强烈的身体反应，比如头痛、手抖等，那么我们可以利用副交感神经系统帮助自己放松下来；养成正念的习惯会使我们的大脑难以感到疲劳，从而缩短身体处于紧张状态的时间
想要进一步获得积极情绪时	第10节　心理韧性 第12节　福流	不健康的消极情绪会使我们变得僵化且痛苦，而积极情绪则会拓展我们的主观世界，使我们变得灵活且积极。心理韧性和福流可以帮助我们在对抗消极情绪的同时收获更多积极的情绪体验
需要巩固疗愈效果，预防消极情绪反复出现时	第13节　物理疗法 第14节　预防复发	情绪反复出现是人生的常态，但我们可以采取更多的方法或一些有针对性的预防措施，与消极情绪和解，尽享复杂而丰满的人生

第 1 节

重识情绪

情绪不分好坏，

但有健康与不健康之别。

当新闻里出现关于抑郁发作或轻生行为的信息时，很多人会心里一惊，感慨万千。

当这类新闻频发时，有些人会相对积极而理性："心理健康问题值得我们所有人积极关注和主动预防。"

有些人会立刻变得恐慌忐忑："心理问题也太可怕了吧！要是我得了抑郁症是不是要完蛋了？"

还有些人则变得特别绝望："完了完了，心理问题就是洪水猛兽，我们对它是毫无办法的。"

看到这里，细心的你会发现，为何同一事件却引发了不同的情绪反应？

一千个读者心中之所以有一千个哈姆雷特，是因为不同的读者对事件的认知存在差异，进而产生了多种不同的情绪，比如狂喜、开心、愤怒、暴跳如雷等。这也就引出了我今天要分享的重点概念——情绪认知。

情绪不分好坏？！

有些人会用"好"或"坏"这样的简单标准来对情绪进行分类，比如将开心、高兴、喜悦等情绪归结为好的、对人有益的，认为应该多多体验它们；而将焦虑、抑郁、愤怒等情绪归结为坏的、对人有害的，认为应该尽量避免它们。

但是，这种简单粗暴的分类方法并不可取。一个可能会颠覆我们以往认知的观点是：情绪本身是不分好坏的。

人的七情六欲就好像自然界中各式各样的物质一样：如果幸福和快乐是金、银，那么焦虑、抑郁就是硝石、硫黄。无论是金、银，还是硝石、硫黄，它们在自然界中都有其价值。我们无须因为硝石、硫黄可以用来制作炸药，就认为它们是坏的、对我们有害的。

消极情绪伴随着人类的整个进化过程，这说明它们对我们的生存是有意义的。例如，我们每个人或多或少都体验过抑郁的感觉，并且在抑郁的时候产生了一定的痛苦感受。但是，抑郁有时候也能让我们进行有效的反思、放慢生活的步调，进而保护我们的安全。

试想一下，如果有一天我们完全没有了抑郁、焦虑的感觉，那么生活将会是什么样子的？

你可能会回答："生活会不再那么痛苦。"但你有没有想过，我们同时也要忍受各种可怕的事情，比如人再难有敬畏之心，我们会不断地疾速向前，永远不知疲倦，哪怕撞了无数次南墙都不会及时回头。

你或许还有这样的疑问："既然情绪不分好坏，那么为什么抑郁、焦虑会让人这么难受、这么痛苦呢？"

我的答案是："并不是消极情绪使人痛苦，而是人们对消极情绪的认知偏差放大了他们的痛苦。"

就前面我们谈到的那则新闻来说，面对同样的信息，有些人能保持积极的态度，有些人却感到恐慌或抑郁。再比如，在出现了抑郁问题后，有些人会选择减少社交，有些人则每天以泪洗面。

因此，对情绪的正确划分方式，不应该是简单的"好"或"坏"，而应该是情绪认知的"健康"或"不健康"。

一方面，拥有健康的情绪认知的人，能正确认识情绪并且合理发挥各种情绪的作用，最终表现出正常的行为。

另一方面，拥有不健康的情绪认知的人，无法正确认识情绪，倾向于冗思，容易做出一些伤害自己或他人的不当行为。

对于拥有健康的情绪认知的人来说，消极情绪也能发挥它们的价值，比如抑郁、焦虑有助于我们避开那些我们不想要或者会伤害我们的事物，愤怒会让我们在受到攻击时予以还击等。对这样的人而言，消极情绪会带来痛苦但不会令人崩溃。

对于拥有不健康的情绪认知的人来说，他们容易夸大消极情绪对自己的影响，比如将抑郁夸大为绝望，从而消沉颓废；将焦虑夸大为恐慌，从而日日担惊受怕；将愤怒夸大为暴跳如雷，从而伤人伤己。

现场练习：你的情绪健康吗？

让我们通过即时的现场练习，来探寻一下自己情绪的真实情况。

请提前准备一张纸和一支笔。

现在，假设一件不好的事情即将发生在你身上，比如丢失一份好工作，心爱的人去世，或者在一次意外中失明。

把这件糟糕的事情写下来，并尽量生动地想象这件事很快就会发生。

接下来，花几分钟记录下你的情绪反应和你的脑海中立刻产生的一些想法。

如果你感觉到的是健康的担心或谨慎，那么你可能会出现类似以下的想法：

"我当然不希望也不喜欢丢掉工作，但是如果它真的发生了，那么我也有能力应对。"

"如果我的爱人因病去世了，那么我会很伤感，但是我依然会好好活着，带着对方的爱和寄托，努力地走下去并让自己快乐起来。"

"如果我失明了，那么我会觉得自己很不幸，因为自己不能再像以前一样阅览世界的繁华了，但是我依然觉得自己的人生是有希望的。"

…………

让我们来分析一下这些想法。

注意到没有？这些想法均提到了一点，那就是"如果不幸发生，我会伤心难过"，然而这些想法都包括一个"但是"，这表明我们永远都有享受生活的权利，且我们的未来充满各种可能。

这种转折，正是一个人具有心理韧性的表现，也是我们能战胜抑郁并保持心理健康的重要标志。

如果你感觉到的是不健康的抑郁、绝望或沮丧，那么你则可能会出现类似以下的想法：

"如果我丢了工作，就再也找不到好工作了，这样我就会变成一个废物。"

"如果我的爱人因病去世了，那么我肯定会一直痛苦下去。"

"如果我失明了，那么我会觉得自己是这个世界上最可怜的人，我这辈子算是完了。"

请注意，这些充斥着"肯定"、没有任何回旋余地的认知，就是僵化的认知，也就是我们前面提过的认知偏差。

在认知偏差主导下的情绪就是不健康的情绪。

现在，你能正确判断自己的情绪了吗？

小结：认识情绪，从行动开始

了解、识别情绪有助于我们科学地记录种种不开心，从而降低抑郁对我们的影响，情绪日记就是一种颇有效率的记录工具。

从本节开始，每一节介绍的疗愈方法都像解忧工具箱中的一件工具，帮助我们从"知道"转变为"做到"。

在解忧工具箱之后，我会附上"我的来访者这么做"，以供参考。

解忧工具箱：情绪日记

指导语：最近两周以来，你想解决的与情绪相关的问题是什么？请完成下面的表格。例如，你想解决的问题是"情绪难以控制"。在日期下一栏写下时间后，为当天产生的最强烈的一种情绪进行命名、评分，并记录当时发生的事件、当时的想法以及你采取的应对措施。当你做完本部分的全部练习后，你可以试着对比现在的自己和之前的自己有哪些不同。

想要解决的问题：					
日期	情绪命名	情绪评分	发生的事件	当时的想法	应对措施

我的来访者这么做

将在本部分出现的来访者分别是：任雨（出自第1章第1节，女，17岁，高二学生，重度抑郁伴幻听问题）、罗平（出自第1章第2节，男，26岁，设计师，重度抑郁伴冗思问题）、杜缇（出自第1章第3节，女，42岁，家庭主妇，重度抑郁伴焦虑痛苦①）、雷利（出自第1章第4节，男，35岁，项目经理，重度抑郁伴完美主义）。

任雨想要解决的问题：解决幻听问题，找回自信，不再绝望。

罗平想要解决的问题：不再沮丧，恢复良好的人际关系。

杜缇想要解决的问题：希望恢复和丈夫的亲密关系，帮助孩子好好学习。

雷利想要解决的问题：不再对工作感到厌烦和倦怠，放下完美主义。

① 这类亚型在抑郁问题明显的同时也会有较突出的焦虑问题。

案例	日期	情绪命名	情绪评分	发生的事件	当时的想法	应对措施
任雨	×年×月×日	绝望	100	一做试卷就出现幻听	完了，我又做不出题了，我这辈子算是废了。考不上好大学的人生还有什么出路呢	哭泣、喝奶茶
罗平	×年×月×日	沮丧	98	和几位朋友聚会后，好友开心地发了朋友圈，提到了别的朋友却没有提到我	为什么提别人不提我呢？我是不是在朋友那里不受欢迎？我好像被忽视了，我真是个不值得别人喜欢的人	抽烟、暴饮暴食
杜缊	×年×月×日	难过	100	老公又夜不归宿	我的老公肯定出轨了，我真是个没有魅力的女人。我们的婚姻完了，我的人生也完了	担忧、压抑
雷利	×年×月×日	倦怠	90	项目计划书被甲方挑剔	好累，好想离职。但现在大环境不好，离职以后肯定很难找到工作	找朋友诉苦、抽烟、喝酒

开始有意识地记录自己的情绪和想法对于大多数人来说已是一项很大的挑战，如果把这当成必须完成的作业，就又会平添几分阻力。

因此，在心理治疗开始的时候，我就会向我的来访者们澄清我们将进行的是一些有关探索心理状态的实验。这些实验可能成功，也可能不会。面对这些实验，我们也可以灵活地去修改一些规则。

对于还是学生的任雨和喜欢做笔记的罗平来说，用纸质的表格进行记录是非常容易的事。而对于杜缊和雷利来说，则不然。雷利选择了用移动设备（手机和平板电脑）来使用解忧工具箱。杜缊则在我的鼓励下，向她的孩子坦白了自己正在接受心理治疗的事实，并邀请她的孩子为她的治疗进行"提醒"和"记录"。

来访者都表示，在治疗初期很难精准地觉察到每次的消极情绪和对应的想法，这是很正常的现象。随着练习的进行，来访者都变得越来越擅长觉察和记录自己的消极情绪和对应的想法。

如何才能有效缓解抑郁？来访者均反馈：动起来（甭管难易），做下去（无论多少）。

第 2 节

识别僵化思维

真正的灾难还未降临,

僵化思维却早已让它在脑中开始预演。

大多数人没有接受过系统的、科学的情绪管理训练,因此,他们对大脑的驾驭能力往往是有限的。

在遇到难以处理的重度抑郁情绪时,他们往往越想控制越不得其法。若得不到有效疏导,这些抑郁情绪便会长时间存在于大脑中,破坏大脑的生化环境,抑制新皮质的调控功能,让人出现指责性幻听[①]、躯体妄想等症状。从心理学上来看,这些人表现出了僵化思维。

所以,要想摆脱抑郁情绪的困扰,识别具体的僵化思维是关键。

---

① 指责性幻听是一些重度抑郁者因为大脑功能紊乱而出现的精神病性症状。在重度抑郁发作期间,他们可能会"听到"指责他们有罪或差劲的声音(实际上并不存在的声音)。

想象一下，如果我们的手臂突然变僵了，不能再弯曲了，那么这是一种健康的状态还是不健康的状态？答案不言而喻。

思维的僵化与躯体的僵化如出一辙，而抑郁者则饱受这种思维僵化之苦。

导致抑郁的僵化思维

僵化思维其实就是我们前面提到的认知歪曲，它是导致抑郁情绪产生的重要因素。了解并识别僵化思维是我们应对消极情绪的第一步。

在前面的内容中，我简单介绍了5种常见的认知歪曲，即僵化思维，现在我们将聚焦于其中最容易诱发抑郁的3种僵化思维来具体分析。

它们分别是灾难化思维（"糟糕至极"）、绝对化思维（画地为牢）和片面化思维（以偏概全）。

这3种僵化思维都有一个统一的特点，那就是让个体的主观世界越来越狭小、越来越封闭，最终导致我们的主观世界再也无法与客观世界相匹配。

在所有的僵化思维中，灾难化思维的影响可谓最严重。所谓的灾难化思维就是，我们会没来由地或在缺乏足够证据的情况下认为，马上将有一场灾难发生。我们会从一些小事或细微的过错上"看到"悲惨的结果，或者获得"糟糕至极"的体验。举例来说，我的多数抑郁来访者在经历过强烈的抑郁发作后，会躲在家里，甚至窝在床上。

彼时，他们身心俱疲，无法好好休息，脑中充斥着大量的灾难化思维：

"我要是一直这么躺下去，这辈子就完了。"

"我好像什么都做不了，我把生活搞砸了。"

…………

这类思维的特点是，在高估坏结果产生的可能性的同时，低估了自己处理事件的能力。虽然真正的灾难并没有发生，生活也没有真正就此结束，但在产生了灾难化思维的个体看来，一切都变得极其可怕。痛苦的感觉通过冗思被不断放大，使人深陷抑郁泥潭。

第二种常见的僵化思维是绝对化思维，它经常以"应该""必须""一定"等形式隐藏在我们的生活中，最终拉开我们与客观世界的距离。

我的不少医生朋友都有洁癖，"应该时时刻刻保持干净才不容易生病"是他们身上常见的僵化思维。

尽管他们做到了随时随地"勤洗手，讲卫生"，但他们的主观世界仍逐渐与客观世界脱节，比如越来越不能忍受脏，反复洗手洗到脱皮，面对可能出现细菌的情境会大惊小怪，高频次的清洁做法已经影响到正常生活等。

"应该""必须""一定"等描述了一种画地为牢的活法，这种思维将我们原本正常的生活给限制起来了。一种"应该时时刻刻保持干净"的想法，让我的医生朋友们营造出了一个狭隘的、主观上干净的世界。他们过度追求自己定义的"干净"，却和真实的客观世界格格不入。

真实的客观世界中从来没有任何法律规定"应该时时刻刻保持干净"，也没有任何人承诺过"时时刻刻保持干净就一定不会生病"。

相反，坚持这种"应该""必须""一定"的想法，反而让他们在客观世界里无法正常地、轻松地生活。绝对化思维让我们在生活中战战兢兢、如履薄冰，最终无法拥抱广阔的真实世界。我们在抑郁者的绝对化思维中很容易看到完美主义的影子：

"我必须受到那些重要人士的赞许和认可。"

"我应该成功地完成每一项重要的任务。"

"我一定得在自己参与的项目中表现完美。"

…………

第三种常见的僵化思维是片面化思维，简单来说就是以偏概全、断章取义，只看坏的不看好的，一叶障目而不见泰山。

当我向来访者解释片面化思维时，我经常反其道而行之，带着他们只看好的不看坏的。我会带着他们一起假定一种场景：今天我心血来潮买了一张彩票，我感觉自己很快就要中大奖了！我深信这种强烈的感觉，你猜接下来会发生些什么呢？很可能我就不愿意去工作了，天天在家坐等彩票中大奖。

我中大奖的概率其实并不会因为我深信自己会中奖而有所提高，白日做梦大概就是这么一回事吧！

当我们一味片面化地进行"好"的思考时，正常生活就会变得异常；同理，当我们全然沉浸在"坏"的思考中时，也会面临同样的问题。

某些情况下的"不怕一万，就怕万一"，就是典型的片面化思维。花大量精力去担心发生的可能性只有万分之一的事，会明显降低一个人的效率和生活质量。

你愿意把自己塞进小盒子里吗？

僵化思维带来的感觉，有点像强行把一个人塞进一个只能容纳一只猫的小盒子里。不用说，这种感觉肯定不舒服。

我们明明可以在客观世界里肆意驰骋，却偏偏要把自己关到一个小盒子里，这样能不痛苦吗？

要改变这类僵化思维，核心思路是不要封闭自己，要让思维保持开放。这样一来，我们的思维才能更灵活、更有韧性，我们才能体验并融入客观真实的世界。

我经常举的一个心理健康者的例子就是史蒂芬·霍金先生，虽然他的身体被困在轮椅上，但他的心灵却可以飞往地球之外，在宇宙中翱翔。

请相信，我们的大脑在经过科学训练后也能变得更加强大。既然我们可以产生僵化思维，那么我们也完全可以修正僵化思维。

小结：识别僵化思维，为解忧做准备

从下节开始，我们会系统地学习心理学中的认知行为方法，来改造僵化思维，以便早日打破思维枷锁，获得心灵的自由。

现在，让我们继续咱们的解忧实验吧！

解忧工具箱：识别僵化思维自助表

指导语：回顾过去两周你与消极情绪相关的一些想法，并根据本节学习到的内容逐步完成下面的表格。

消极情绪	当时的想法	存在的僵化思维

我的来访者这么做

案例	消极情绪	当时的想法	存在的僵化思维
任雨	绝望	完了，我又做不出题了，我这辈子算是废了。考不上好大学的人生还有什么出路呢	灾难化思维、片面化思维
罗平	沮丧	为什么提别人不提我呢？我是不是在朋友那里不受欢迎？我好像被忽视了，我真是个不值得别人喜欢的人	灾难化思维
杜缊	难过	我的老公肯定出轨了，我真是个没有魅力的女人。我们的婚姻完了，我的人生也完了	绝对化思维、灾难化思维
雷利	倦怠	好累，好想离职。但现在大环境不好，离职以后肯定很难找到工作	绝对化思维

在这个过程中，来访者们普遍提到的问题是，在发现了

僵化思维后仍会因为抑郁情绪的影响而否定自己。

在识别自己的僵化思维时，如果你的抑郁情绪变得更加强烈，那么你可以先暂停这个过程。同时提醒自己，你已经开始发现这些思维影响自己的方式，这已经是一种进步。等到情绪平复一些后，可以试着继续刚才的探索。

第 3 节

认知重塑

解忧只在转念间。

既然很多抑郁情绪来自认知歪曲，而认知偏差又是我们自己产生的，那么这也就意味着我们有能力去消除或减轻认知偏差的不良影响。

在遭遇挫折、磨难、痛苦时，是从容、坦然地应对，还是伤害自己或他人，选择权和控制权均在我们自己手中。

小时候的我们在摔倒后，如果看到膝盖蹭破了皮或者流了血，可能会坐在地上哭上好一会儿。长大后的我们在摔倒后，大多数时候会尽快起身，将伤口消毒。可见，面对同样的事情，可以有不同的应对方法。

对付认知歪曲，破局的关键是进行认知重塑（cognitive restructuring）。

认知重塑是认知疗法中的基本方法，它将学习原理应用到思维上，通过改变抑郁者习以为常的惯性思考模式、评价习惯以及减少偏见，来协助抑郁者表现出更为理性的情绪反应。因此，认知重塑可以改善认知僵化，纠正认知偏差，提升抑郁者的心理灵活性。

说起认知重塑的具体实施要领，在临床实践中我将其简化为一句口诀——"找证据，加但是"。

"找证据，加但是"

"找证据"就是个体通过真实客观的证据，逐渐走出臆想的主观世界，重新活在当下的客观世界里。

从唯物主义的角度来看，在客观世界里看得见的、找得到的或者能用来作证明的证据，才是真实存在的证据。反之，看不见的、找不到的或者不能用来作证明的证据，就是不存在的、假的证据。

"加但是"就是给认知提供一个拐角，通俗点来说就是让脑筋可以有个转弯的空间。我们知道，人一旦钻牛角尖，就会因为偏执、狭隘而感到痛苦。然而，当我们给事情加一个"但是"之后，思维就得以"峰回路转"，抑郁情绪也会随之"柳暗花明"。

当"大恶人"成为我的邻居

在临床实践中，我常用下面的例子向来访者解释"找证据，加但是"这种方法，并指导他们具体操作：

假设我家隔壁新搬来一个邻居，他一脸凶相，我觉得他是个杀人犯，同时觉得他想要谋害我。如果现在我打110，那么你觉得警察会来抓他吗？答案是否定的，因为没有证据证明长得凶的人就是罪犯。

不过，假若我坚信我的想法会怎么样呢？我可能一见到那个人就会跑，还会越来越不敢出门，我会把自己关在家里，给房门上好几道锁，整天提心吊胆……这样隔离自我，每天疑神疑鬼、怕东怕西一段时间后，抑郁恐怕也就不请自来了。

其实那个长相凶恶的邻居什么都没做，而我的行为已然变得十分荒诞。让人感到可笑的一点是，我罔顾现实，只一味相信自己的感觉或想法。那么，我该如何摆脱这种状态呢？

我开始试着寻找客观世界里的证据。既然我怀疑他是杀人犯，那么我就需要搜一搜最近附近有没有人被谋害或者近期是否发生过什么恶性犯罪事件。如果压根没有这类事情发生，那么杀人犯的"指控"恐怕就很难成立了。

我试着一搜，发现并没有什么证据证明自己的想法，那么我原先有偏差的认知就会被重塑为"虽然他一脸凶相，但是我并没有找到任何有关他是个杀人犯的证据"。"他是个大恶人"的念头在我脑海中也就没开始那么强烈了。

当然，这还不足以证明他就是个好人。

我出门去向周围的邻居打听，他们一致评价这个人虽然长得凶了点，但是人品还挺不错的。于是，我脑中的认知又被重塑为"虽然他一脸凶相，但是邻居们都评价他人品不错"，我渐渐感觉没那么惧怕他了。

最后，我甚至还敢主动和他接触一下，以便近距离了解一下他的情况。

你瞧，在这整个过程中，那位一脸凶相的邻居还是什么都没做。

一旦我开始找证据来重塑自己对他的认知，我就开始摆脱原先退缩自闭、自己吓自己的状态，我重新活在了现实世界中，也渐渐不再被抑郁、恐惧等消极情绪绑架。

现场练习：认知重塑的步骤演示

以上示例可能还不足以让我们完全掌握"找证据，加但是"的方法，在临床实践中，我还会邀请来访者和我一起通过 3 个系统化的步骤来应对僵化思维，以帮助他们减少消极情绪并建立信心。

首先是辨别和确认僵化的想法，其次是直面这些想法并质疑其有效性，最后是用"找证据，加但是"的方法寻找其他可能性来替代原先的想法。如此操作，你就能完成整个应对过程。以重度抑郁发作的灾难化思维为例：

"我一直觉得没有精力而且很累，我肯定是得了某种绝症吧！"

"如果我被诊断出绝症那就完了。"

"我承受不了这种事！"

…………

面对这些灾难化思维，我们具体该如何操作呢？

第一步：写下并确认僵化的想法。

僵化的想法如下："因为我总感觉很累，所以我一定得了绝症。""如果我得了绝症，那么我一定不能应付。"

要确认僵化的想法，可以采用句子改写法，把自己担心的内容直接写出来，然后把它们改写成肯定陈述句。例如，将"如果我的疲劳是绝症的征兆，那么我该怎么办？"改写成肯定陈述句："因为我感到疲劳，所以我肯定得了绝症。"

明确了问题所在后，我们继续开展第二个步骤。

第二步：质疑其有效性。

请开始思考："疲劳说明一个人得了绝症的可能性有多高呢？如果我真的被诊断出了绝症，那么我会不会真的崩溃，并且无法活下去？"

这里要注意一下质疑僵化思维的有效形式，用疑问句来问自己是很有帮助的，比如："可能性如何？""过去是否经常发生？""强度有多大？""每次强度都一样吗？""如果最坏的情况发生，那么我是否真的没有办法处理？"

第三步："找证据，加但是"，然后用更实际的想法来代替。

接下来我们进行一下深度思考，并寻找客观世界里的证据，在原先的想法后面加个"但是"。例如："疲劳可能是身体出了状况的表现，但是它也可能是我思虑太多、感染病毒或者吃太多睡太少等的表现。出现疲劳就代表自己得了绝症的可能性好像没有那么高。"

"最坏的情况就是得了绝症。但是真的得了绝症的那些人，好像也没有完全崩溃，他们的生活也在继续。"

在这样一套递进式的思考方法的不断重塑下，我们会发现原先的抑郁情绪变得没有那么强烈了，原来可怕的灾难化思维也变得没有那么狭隘和无法控制了。

在僵化思维出现时，我们可以利用本节最后所提供的认知重塑自助表，重复使用这种方法，直到僵化思维不再给我们的情绪带来严重影响为止。

不过，在同来访者一起实践的过程中我发现，他们一开始很难接受在真实世界里找到的证据，甚至可能要花数天到数星期的时间来面对这个"难以接受的事实"。对他们来说，完成这项作业真的很难。

但是，也很少有人会一直这么害怕下去。渐渐地，他们不仅能开始思考如何去处理类似的糟糕情况，而且也能好好做准备，以便和心理医生一起讨论最可能起效的治疗策略。

小结：常重塑，更灵活

当我们认识到抑郁的感觉并不总是真实的，也可以对其进行质疑时，抑郁的影响力便急剧下降了。

灵活地回应抑郁的种种要求，并通过认知重塑的方法把思维拉回现实世界，积极的改变就在此刻发生了。

解忧工具箱：认知重塑自助表

指导语：回顾过去两周你与消极情绪相关的一些想法，并按照认知重塑的操作步骤逐步完成下面的表格。

消极情绪	当时的想法	存在的僵化思维	情绪评分	我可以如何质疑原先的想法	"找证据，加但是"	重塑后的情绪评分

我的来访者这么做

案例	消极情绪	当时的想法	存在的僵化思维	情绪评分	我可以如何质疑原先的想法	"找证据,加但是"	重塑后的情绪评分
任雨	绝望	完了,我又做不出题了,我这辈子算是废了。考不上好大学的人生还有什么出路呢	灾难化思维、片面化思维	100	题目做不出来,这辈子就会废了吗?那些没考上好大学的人,今天都没有出路吗	但是我有很多初中同学连高中都没有上,他们现在也过得很好;有的人把自己的抑郁经历画进了绘本,并受到很多人的喜欢,这好像是一条出路,我也很喜欢画画,或许我也可以试一试	60
罗平	沮丧	为什么提别人不提我呢?我是不是在朋友那里不受欢迎?我好像被忽视了,我真是个不值得别人喜欢的人	灾难化思维	98	有没有可能是因为这个朋友在这次聚会里特别抢眼,所以他才被发出来呢?别人不把我发到朋友圈里就意味着他和我关系不好吗	但是我的朋友们一直以来都十分关照我,也十分关心我的状态,还会因为我的一点小进步而感到高兴	76

082

案例	消极情绪	当时的想法	存在的僵化思维	情绪评分	我可以如何质疑原先的想法	"找证据,加但是"	重塑后的情绪评分
杜缊	难过	我的老公肯定出轨了,我真是个没有魅力的女人。我们的婚姻完了,我的人生也完了	绝对化思维、灾难化思维	100	我的老公出轨就意味着我没有魅力吗?婚姻是不是我人生的全部呢	但是我的心理医生提醒了我,我在没结婚前也曾过得很好,被很多人追求过,我不必因为某个人而否认自己的魅力;婚姻不是生活的全部,毕竟我那可爱的孩子一直关心着我、支持着我	40
雷利	倦怠	好累,好想离职。但现在大环境不好,离职以后肯定很难找到工作	绝对化思维	90	我都这么累了还不能想想离职吗?大环境不好就代表我一定找不到工作吗	但是也有很多人选择离职或遭遇了裁员,他们在调整好状态后明白了自己想要什么,最终找到了一份更能实现自我价值的工作;离职也是一个跳出舒适圈、拓宽视野的机会;我的妻子一直都很支持我,她的支持减轻了我的焦虑	80

在认知重塑的早期阶段，最大的困难是很难立刻找到证据。转换视角或询问他人的看法会帮助我们更容易发现客观世界里的证据。

刚开始使用认知重塑方法时，有些来访者会因为抑郁情绪的影响而认为这只是一种心理安慰。如果你也有类似的感觉，你可以试着询问自己：一般性的安慰和认知重塑不同在哪里？你也可以直接寻求专业心理医生的帮助，擅长认知行为疗法的心理医生会通过使用苏格拉底提问技术①，让认知重塑方法更容易上手且更具有启发性。

不可否认，有部分来访者并不适合用认知重塑方法，质疑想法对他们来说相对困难。此时我们不必非得使用这种方法，后面还有很多其他方法来帮助我们通向"解忧"的罗马。

---

① 指通过连续提出问题，让被提问者能够理性思考，发现思维谬误、拓宽思路、获得启发、找到真相，最终得出自己的结论的过程。

第4节

认知解离

念头不等于现实，

想法也只是想法而已。

你有没有发现，有时候当我们想要厘清思路或重塑认知的时候，大脑里总有一些其他的想法来"捣乱"，并且挥之不去，给我们造成干扰。我们的思维在这个时候甚至会处于一种失控的状态。

我们不妨来做个小小的心理实验。现在，清空一下你的大脑，然后听我的指令：

千万千万不要去想一头粉红色的大象！

你是否感到奇怪，我分明让你不要去想一头粉红色的大象，然而这头粉红色的大象已然出现在你的脑海中。

其实在听到这个指令后，大多数人的脑海中都会出现一头粉红色的大象。

这在专业上被称为"反向强化"，即越阻止越容易产生截然相反的效果。这也是人类大脑的一个特性：时常会陷入一种认知纠结，从而变得难以调控。

剪不断，理还乱

从专业一点的角度解释，认知纠结是指我们的想法和所描述的真实事件相互混淆的情况。它是一种"剪不断，理还乱"的复杂状态。

如果说认知僵化是将我们的主观世界缩小、变僵，让我们与客观世界格格不入，那么认知纠结则像是把主观世界和客观世界打乱并糅合在一起，让我们分不清真假。

比如当我说"柠檬"或者"话梅"的时候，有的人可能已经开始流口水了，这就是典型的将想法和所述现实相混淆的情况。

正如我前面所说，这是人类大脑的一种正常功能，我们时常会不自觉地启动这项功能，而大部分时候它也无伤大雅，顶多是一种类似"望梅止渴"的反应。但当我们过分相信自己的想法和感觉时，可能就会出现情绪问题。

当你觉得"找证据，加但是"的方法对解忧的帮助不大时，你可能会更加自责或焦虑，这个时候，换一种思路或许会给你带来心灵的宁静。

大脑里的"三角形"

请看图 2-1：

图 2-1

这张图在你看来是什么图形？多数人会回答：三角形。其实这是一个未闭合的、只有 3 个角的图形。

我们的大脑有一种补全倾向，俗称"脑补"。在真实世界里，除非此刻我们用笔将这个图形的所有缺口闭合，否则它永远不可能成为三角形。

图 2-2 这张图，是在大的三角形的中间加了一个倒立的小三角形。从绘制的角度来看，画两个三角形就可以完成这个图形，但我们从中不仅能看到三角形，还能看到梯形、平行四边形。

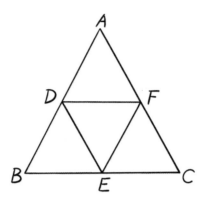

图2-2

我们之所以能在一幅图里感知到不同的图形，是因为我们的大脑还具有一种与补全相反的能力——解离（或者说是拆分）的能力。

这也是我今天要教给大家的心理学方法：以接纳为出发点的认知解离方法。

现场练习：当"想法"与"现实"解离

对抑郁者来说，"我很没用"的想法很容易让他们感到痛苦。但是，当我们将这种想法写出来，一个字一个字单独去看的时候，竟然没有了原来那种强烈的痛苦感！不信你看：

我

　　　　　　　　　　　　　　　　很

　　　　　　　　　　　　没

　　　　　用

　　以上 4 个字，单独看其中任何一个，我们都没有太强烈的感觉。但连在一起组成"我很没用"之后，那种无能、沮丧的感觉就扑面而来了。这就是认知纠结带来的挑战。

　　从客观上来说，"我""很""没""用"仅仅是 4 个普通的汉字，只因我们刚好在心里否认自己，当看到它们的时候，痛苦的感觉就会被确认和强化。

　　一旦进入认知纠结的状态，我们就会发现"找证据，加但是"的认知重塑方法不那么好用了，这时我们可以试试改写句子的认知解离方法。刚才我将那句话拆解成 4 个字的做法，就是一个典型的将想法和客观世界进行解离的操作。

　　还是刚才那句话，如果把它改写为"我只是产生了'我很没用'的想法而已"，那么这也是一种将想法和现实解离开来的操作。

　　用笔将这两句话写下来，分别读一下，相信你可以看到立竿见影的效果：

句子一：我很没用。

句子二：我只是产生了"我很没用"的想法而已。

综上来看，认知解离的目的并不是要消灭"我很没用"这个想法，而是培育一种接纳的态度，让自己看到"我很没用"只是当前的一个想法而已。

如果说"我很没用"对人的负面影响是 100 分的话，那么"我只是产生了'我很没用'的想法而已"的负面影响可能就会降到 80 分了。多次训练后，这个想法的影响力还可以降到 60 分、40 分、20 分，甚至更低。当一个想法的影响力高达 100 分时，我们的大脑可能难以控制它，可一旦它的影响力降到 80 分以下，我们就会更容易面对它并做出改变。

此外，对想法进行趣味性加工也可以达到解离的效果：

大小解离

大小解离指的是将各种与想法有关的文字、图像以忽大忽小的形式在大脑中呈现，让我们看到它们只是想法，而非客观事实。

仍以"我很没用"举例，这 4 个字可以在大脑中以如下方式出现：

我 很没用

比起原本僵化的想法，具象化的、大小不一的、可随时被再加工的想法的影响力会骤然减弱。

颜色解离

我们可以用 4 种不同的颜色来分别标注"我""很""没""用" 4 个字。我们还可以在大脑中用多种炫酷色彩来进行标注，这不失为一种有趣的脑实验。

双语解离

心理学研究发现，学习多种语言有助于人们锻炼心理灵活性，我们可以将这一点活用到双语解离中。如：

句子一：我很没用。

句子二：I'm useless.

在看句子二时，中国人感知到的无用程度会远低于以英语为母语的人群。

如果将其翻译成俄语、德语、法语或者意大利语，在我们眼里，它们可能就和普通的涂鸦符号没多大区别，更别提引起我们的消极情绪了。

人物解离

将脑中的想法代入到自己敬佩或喜欢的某个人身上，或以亲朋好友的语气将脑中的想法说出来，也可以起到解离的作用。同样以"我很没用"为例，我们分别代入《西游记》中4位主角的视角，看看感觉有何不同：

孙悟空：唉！俺老孙真是没用！让师父被妖怪给抓走了！

唐三藏：悟空住手！为师真是没用，管不住你这泼猴！

猪八戒：俺老猪就是没用，要俺巡山，俺偏要在这打会儿瞌睡。

沙悟净：大师兄！都怪我没用，师父和二师兄又被妖怪抓走啦！

类似想法放到不同的人物身上，会有截然不同的效果，这也更容易帮助我们从认知纠结状态中走出来。

面对青少年抑郁者，我会鼓励他们用自己喜欢的动漫角色来进行认知解离，有时我还会和他们一起做这件事。

艺术解离

诗词歌赋、琴棋书画等算是古人发展出的认知解离技能。如果你自诩没什么天赋，那么你可以尝试下写打油诗、改编歌词，或者涂鸦。

我的一位抑郁来访者的认知解离实验是将《生日快乐》改编为《我好害怕》，我让他在感到害怕时把改编后的歌曲唱出来。改编后的歌词如下：

我好害怕

我真的好害怕

我真的很害怕

真的害怕该怎么办

我实在很害怕

不是首次害怕

但是也会害怕

很多人都会和我一样

我们都会害怕

我的另一位重度抑郁来访者表现出了对语言的过度敏感，生活中的很多言辞尤其是来自她的重要他人（比如父母、爱人等）的言辞，都会被她解读为对自己的辱骂，从而感到沮丧不已。

我引导她进行了绘画解离实验，让她试着构建一个牢骚鬼的形象（如图 2-3 所示）。以后再遇到负面的语言或文字时，她会想象一个牢骚鬼开启了发牢骚模式，她原来的内向

图2-3

归因偏误所带来的伤害瞬间降低了大半。

认知解离和认知重塑最大的区别在于，认知解离中加入了接纳的元素。认知解离让我们不去否认脑海中产生的想法或评判它的对错，而是先接纳这个想法，因为真实的情况也仅是出现了一个想法而已。以接纳态度进行解离的过程既不会耗费太多心力，也能让我们分清想法对自己的真实影响。

当然，我们需要对接纳有进一步的理解。这里所提到的接纳是指接纳痛苦的存在与发生。在很多时候，痛苦是难以避免的，有时甚至是难以解决的，硬刚死扛非但起不了作用，反而会让人陷入"流沙陷阱"（在流沙里，越挣扎下沉得越快）的困局，适时选择躺平反倒更不容易下沉。

我常用苏东坡的《水调歌头·明月几时有》来解释接纳，那传诵千古的"人有悲欢离合，月有阴晴圆缺，此事古难全"，很好地解释了为什么我们需要有接纳的态度。有很多状况是我们无力改变或暂时找不到办法去改变的，只有当我们能够接纳现状的时候，我们才能更好地去做真正值得做的事情。

小结：跳出思维的墙

我们没办法避免生活中的不如意，唯一能做的就是通过不断尝试去改变旧的思维模式，用更为科学的心理学新思路、新技术去平复消极情绪。

解忧工具箱：认知解离自助表

指导语：回顾过去两周你与消极情绪相关的一些想法，并按照认知解离的操作内容逐步完成下面的表格。

消极情绪	当时的想法	存在的僵化思维	情绪评分	解离方式	开始解离	解离后的情绪评分

我的来访者这么做

案例	消极情绪	当时的想法	存在的僵化思维	情绪评分	解离方式	开始解离	解离后的情绪评分
任雨	绝望	完了，我又做不出题了，我这辈子算是废了。考不上好大学的人生还有什么出路呢	灾难化思维、片面化思维	100	句子改写	我只是产生了"完了，我这辈子算是废了"的想法而已	90

案例	消极情绪	当时的想法	存在的僵化思维	情绪评分	解离方式	开始解离	解离后的情绪评分
罗平	沮丧	为什么提别人不提我呢？我是不是在朋友那里不受欢迎？我好像被忽视了，我真是个不值得别人喜欢的人	灾难化思维	98	双语解离	私は本当仁人に好かれるに値しない人です①	77
杜缊	难过	我的老公肯定出轨了，我真是个没有魅力的女人。我们的婚姻完了，我的人生也完了	绝对化思维、灾难化思维	100	人物解离	当不为婚姻羁绊，人生便丰富圆满②	85
雷利	倦怠	好累，好想离职。但现在大环境不好，离职以后肯定很难找到工作	绝对化思维	90	大小解离	好想累，好离职	80

有些认知解离的方法较为轻松、好操作，有些则需要我们有一些创意。但认知解离的核心在于告诉我们想法不等同

① 作者用手机软件翻译的日语。

② 改编自美国电视剧《致命女人》，原文是"I ended up living a very rich life, once I stopped worrying about money"（当不为金钱羁绊，人生便丰富圆满）。

于现实。如果这些情绪分数是可以变化的，那就意味着我们不必总是坚信它们，也不必为它们背后的想法所驱策。

对于一些渴望改变的来访者来说，认知解离对于思维转换的力度可能不够大。这种方法更适用于那些事情暂时无法改变的情况，这时的我们需要培养自己接纳的态度以避免自我内耗。认知解离让我们避免正面对抗那些导致抑郁的想法，留给我们一些时间来找到自己真正能做出改变的领域并投入其中。

第5节

元 认 知

重要的不是我们的想法，

而是我们对于想法的反应。

在我童年时代，一部叫作《猫和老鼠》的动画片曾风靡一时。

里面有一个非常经典的片段：主角汤姆猫在面临一些问题时，常常会在头上生成一个天使和一个恶魔的形象，这两个形象会告诉他两个截然不同的想法。随后这两个形象还会大打出手，只为争取汤姆猫的青睐。

今天我们很容易意识到，这两个形象就是我们大脑中的念头、想法与信念的集合，我们可以统称其为"认知"。

那么，最后是什么决定了汤姆猫是听取天使的声音还是恶魔的声音？我们如何称呼它比较好？

临床心理学家阿德里安·威尔斯教授将其称为"元认知"，

简单来说，元认知就是对认知的认知。威尔斯还创立了以"控制冗思"和"无动力行为 ①"为基石的元认知疗法。目前，元认知疗法已成为当下治疗抑郁症最有效的疗法之一。

在详细阐述元认知疗法如何帮助我们之前，让我们先来看看当抑郁情绪出现时，我们的大脑指挥部里会发生什么事。

参谋与指挥官

当抑郁情绪的大军来袭，我们大脑指挥部里的参谋们便开始运筹帷幄，纷纷献上自己的妙计奇谋。其中不乏能直切敌方要害的进取之策，也不乏苟安的缓和之策。

不过这些策略最终都会被呈到指挥官面前，由指挥官做出最终的决定。如果说参谋指的是我们的认知，那么指挥官指的就是元认知。

想要赢得一场战役的胜利，有人出点子自然是必要的。但是如何让金点子脱颖而出，如何避免误选下下策等，都是对指挥官个人素质的考验。

觉察、审视、明辨甚至是驳斥"想法"参谋的建议，都是"元认知"指挥官的核心能力的体现。

在面对抑郁情绪的挑战时，我们的大脑中往往充斥着大

① 不需要很强的动力也能做的事情，比如刷牙等。

把"想法"参谋的建议：有的说"我实在是太没用了"，也有的说"还是赶紧逃吧"，更有的会说"不如一了百了"。

这时，"元认知"指挥官针对这些建议做出的反应会决定我们接下来的心理健康程度。

歌手中岛美嘉因为疾病丧失听力，当她向朋友倾诉自己想一了百了的想法时，她的朋友为她创作了一首《曾经我也想过一了百了》。而这首由她主唱的歌抚慰了许多人的心灵，拯救了许多陷入绝望的听众。

彼时，中岛美嘉脑中的"元认知"指挥官驳斥了"我应该终日以泪洗面"的建议，转而选择了"向朋友倾诉"的建议。她脑中的"元认知"指挥官不仅成功拯救了一位乐坛巨匠，还让无数有类似想法的人放弃了一了百了的念头。

在威尔斯关于元认知疗法的研究中我们发现，只是做一些最简单的冗思控制练习，或者进行一些不需要动力的行为，也能起到"治疗抑郁"的作用。

下面，让我们来共同体验这些元认知疗法吧。

固定冗思的时间

大量临床数据表明，很多抑郁者每天花在冗思上的时间超过 4 个小时，所以元认知疗法的第一步就是固定冗思时间，让抑郁者将每天冗思的时长控制在 1 个小时以内。

我们可以在冗思开始和结束时各设一个闹钟作为提醒。当开始闹钟响起时，我们允许自己的大脑进入冗思的状态；当结束闹钟响起时，便立刻停止冗思，马上做一些与冗思无关的事情，比如叫个水果外卖、打开窗户看看风景、到操场上跑几圈等。

这样不仅能提升我们对冗思的控制力，还能让我们切实地感受到每日冗思时间的缩短，从而获得成就感。

如果在一天的其他时间中，我们不小心被冗思牵着走了，那么第二天我们就需要在专门的冗思时间里对此进行回顾。

回顾是为了提醒自己，做这个练习的初心是有意识地控制冗思而非消灭冗思。我们不会因为设置了错题集就不犯错误，但会因为有意识地认识到从前的错误而不至于反复陷入其中。练习的目的是在一段时间后改善现状，而偶尔出现波动是正常的表现。

别担心，本节解忧工具箱里的"冗思日记"会帮助我们更好地对冗思时间进行记录，从而更好地处理这一问题。

注意力训练

除了设置固定的冗思时间，注意力训练也能在元认知层面帮助我们减少冗思，一来它不需要太多动力的参与，二来它简单、好操作。

注意力训练能帮助我们重新控制并分配大脑的注意力资源，我们可以决定自己对各种事物、想法等的关注时间。不仅如此，这种方法还能增强我们对想法的觉察力，以及我们在控制想法时的灵活性，进而缓解我们的冗思惯性。

很多人认为，注意力训练是刻意地回避或抑制我们的消极想法，而只将注意力聚焦在积极的想法之上。恰恰相反，注意力训练让我们允许这些消极想法在脑海里占据一席之地，只是我们要在觉察到这些消极的想法后，将注意力从它们那儿轻轻地转移，告诉自己需要率先完成更重要的任务。

例如，老板批评了你，此时你会产生一些诸如"为什么只批评我""我很差劲""我根本不能胜任这份工作"的消极想法，当意识到自己正在产生消极的想法时，你便在认知层面上对这些想法进行了否定，最终让注意力重新回到手头的工作上。

从听觉开始

训练初始，我们可以从两种声音入手，逐步增加到更多的声音，理论上越多越好。

在训练中，可以选择的声音包括虫鸣鸟叫、风扇转动的声音、电脑的嗡鸣声等。最好能保证这些声音来自不同的方向和距离。把声音确定下来后，我们就开始分三个阶段训练注意力，每次训练只需短短 10 分钟。

阶段一：有选择地去注意不同的声音，时间持续 4 分钟。

首先将注意力集中在其中一种声音上，比如屋内风扇的声音，保持注意力 10 秒钟，此时无须理会其他的声音。

然后，把注意力集中在另一种声音上，比如鸟叫声，同样停留 10 秒钟。

此时所有其他的声音就好像成了一种背景，变得无关紧要。

在这 4 分钟里，我们需要每 10 秒钟注意 1 种新的声音，并持续切换。

阶段二：在接下来的 4 分钟内，快速在不同的声音之间来回切换注意力，每种声音只注意 2 秒钟到 4 秒钟的时间。

阶段三：最后 2 分钟进行的是分散注意力的训练，我们要试图将注意力均匀地分配到所有自己听到的声音上。

这项练习能帮助我们发现自己拥有集中注意力、快速转移注意力和分散注意力的能力。

除了听觉外，也可以针对视觉、味觉、触觉等进行练习。之所以在此展示有关听觉的注意力训练方法，是因为相对来说，听觉比较容易练习。

如果在练习过程中，你出现了消极的想法或感觉，那就将它们看作内在的声音，我们可以像对待外部的声音一样对待它们。既不用压抑它们，也不用因它们而分心。只要顺其自然，任它们出现和消失即可。如果它们的出现让我们感到了威胁，那么我们可以立刻把注意力转移到其他声音上。

在进行注意力训练之前和之后，我们可以在图 2-4 的注意力标尺上指出自己的注意力处在哪个位置。

-5	-4	-3	-2	-1	0	1	2	3	4	5

我把 100% 的注意力集中在外部客观世界	我把 50% 的注意力集中在外部客观世界，50% 的注意力集中在我的内部主观世界	我把 100% 的注意力集中在我的内部主观世界

图 2-4

如果训练得当，那么我们在注意力标尺上的结果就会向左移动至少两格，这意味着经过训练的我们会更关注外部客观世界。

我们进行练习不仅仅是为了缓解自己一时的低落情绪，还是为了实实在在地克服原先冗思的倾向，彻底走出冗思的阴影。

对注意力的控制让我们看到，每个人都可以选择坚持一个想法，也可以选择在任何时候跳出这个想法。

如果坚持每日练习两次以上，那么你就会很明显地看到注意力训练对抑郁的改善效果。

进行注意力训练时，你可以不用设置固定时间，但如果有固定的时间安排，比如每天午饭后和晚饭后，或者睡前 15 分钟，那么你就会更容易坚持。

作为一名心理治疗师，我想告诉大家，减少冗思并非易事，若你偶尔陷入冗思也不必过于慌张或苛责自己，因为有时我们可能根本意识不到自己在冗思，这就更需要我们学习和运用元认知策略。

当刻意练习一段时间后，我们就会发现自己的元认知能力变得越来越强：我们开始能指引自己的思维朝向更积极、更有用的方向，而不被消极无效的想法劫持；我们能更好地控制自己的注意力，保持高度的专注；我们能更好地做时间管理，并按计划有条不紊地行事；我们能更自如地运用所学，在多个问题之间游走而不被困难打倒……在提升大脑的"元认知"指挥官的素养之后，最终我们都会迎来自我的觉醒，不必再做情绪的囚徒。

小结：巧用元认知，开启解忧新模式

抑郁者的冗思惯性会让消极想法在他们的大脑中如野草般蔓延，从而使抑郁加重。所幸，针对冗思的元认知疗法为我们提供了新的康复思路。

作为一种重新控制想法的工具，它让我们把注意力集中在想法之外的生活上，减少冗思的时长和频率，让我们重获对思维与情绪的控制，为治疗抑郁提供更为简单、更为有效的方案。

解忧工具箱：冗思日记

指导语：每日设定专门的时间来进行冗思并记录相关内容。如果不小心在其他时间进行了冗思，则需要在专门的冗思时间进行回顾，然后完成下面的表格。

每日固定的冗思时间是（　）:（　）—（　）:（　）	
日期	每日冗思内容记录

每日额外的冗思记录						
日期	诱发因素：在冗思开始之前发生了什么？（与谁在一起？在哪里？在做什么？）	情绪：那一刻感受如何？	持续时间：冗思持续了多长时间？	冗思内容：当时正在想些什么？	结果：冗思带来了哪些感受？（冗思进行时与冗思过去后的感受有什么不同？）	停止因素：是什么叫停了冗思？（有没有试图让自己停下来？都做了哪些尝试？）

我的来访者这么做

在四位来访者中，罗平的冗思倾向最为显著，本次冗思日记我们将以罗平为例。

（罗平）每日固定的冗思时间是（22）：（00）－（23）：（00）

日期	每日冗思内容记录
× 年 × 月 × 日	和朋友一起做的视频播放量好少啊。为什么没人看呢？难道是我们哪里做错了吗？我的朋友会不会因此也跟我一样沮丧呢？是不是我剪辑得太差了，所以没有人关注呢？我的朋友会不会因为这件事而觉得我水平不高呢？我们的友谊会不会因为这件事而受到影响呢？如果这件事情破坏了我们的友谊，我该怎么办呢？

每日额外的冗思记录

日期	诱发因素：在冗思开始之前发生了什么？（与谁在一起？在哪里？在做什么？）	情绪：那一刻感受如何？	持续时间：冗思持续了多长时间？	冗思内容：当时正在想些什么？	结果：冗思带来了哪些感受？（冗思进行时与冗思过去后的感受有什么不同？）	停止因素：是什么叫停了冗思？（有没有试图让自己停下来？都做了哪些尝试？）
× 年 × 月 × 日	我和几个朋友一起约着做视频，结果在短视频平台上的播放量和互动评论量并不是很理想。我觉得自己剪辑技术太差劲，我辜负了朋友们的期待，也耽误了他们的时间	沮丧、痛苦	今天只持续了15分钟，之前可能会持续两个小时以上	重复我之前的担心，尤其多问"为什么""怎么办"等无解的问题	进行冗思时我很纠结、很痛苦，但我在记录的过程中发现自己翻来覆去就这些问题。在那一刻我顿时感到，不停思考这几个问题正在影响我的心情	在记录后我能轻易地觉察到自己正在冗思，这时我会去做一些不用思考的事情，比如去冰箱里拿一个冰激凌，边吃边看我的冗思内容是如何影响我的

在注意力训练中，四位来访者各有其独特的表现，其中以任雨的情况最为特别。

任雨平时喜欢喝奶茶，所以我鼓励她不仅可以使用听觉，也可以试试味觉。在任雨的注意力训练中，她分别品尝了酸的柠檬汁、甜的奶茶、苦的冰美式咖啡、咸的盐汽水，然后将所有这些饮品按照一定比例加上冰块一起摇晃，调配出了她的新"鸳鸯"奶茶。

在这个过程中，任雨的幻听似乎完全不见了，她的注意力完全放在思考以外的事物上，抑郁对她的影响力也因此减弱了。

第6节

放松

放松，从放慢这次呼吸开始。

抑郁常让人产生倦怠感、无力感，并让人更加苛责自己。从现在开始，让我们学着好好照顾自己，放松一下因抑郁而疲劳已久的身心。

腹式呼吸

大部分人不太在意自身呼吸的方式，也很少关心呼吸对自身情绪的影响。其实，呼吸不仅能反映出一个人身体倦怠及紧张的程度，还能影响他在抑郁发作时的表现。

请想一想，当我们处于抑郁或惊恐状态时，身体是什么样的？

我们的呼吸会一下子变得短而急促，甚至有种"喘不上气来"的窒息感。

相反，当我们在放松的时候，比如搞定繁重的学习任务或工作任务后，我们会伸个懒腰，美滋滋地来一个长长的深呼吸。

人在抑郁时，呼吸问题往往体现在以下两个方面：

1.用胸腔进行呼吸，且频率非常快。

2.换气过度。这很容易使人产生一些不良身体反应，比如轻度头痛、眩晕、心悸、发麻等。

所以，改变呼吸方式是我们控制不良身体反应的有效方法之一。

如何改变呼吸方式？在临床中我常向来访者推荐腹式呼吸法。这种方法到底灵不灵？让我们共同来感受一下吧！

如果你是初次做这个练习，那么你可以将一只手放在肚子上，另一只手放在胸部，感受这两个部位的变化。

慢慢吸一口气，让气经过鼻子进入肺的底部，此时，我们可以明显感觉到腹部的微微隆起，而胸部仅有轻微的浮动。

完整吸一口气后稍作停顿，再慢慢地将气呼出。

要尽可能将肺部的气体完全呼出，同时告诉自己"很舒服，很放松"。

在呼气的过程中，请感受肚子轻轻地缩紧，这时你甚至可以想象自己像一个泄了气的皮球，慢慢地让你的全身都放松下来。

进行腹式呼吸时，需要注意以下几点：

尽量保持呼吸平顺、规律，不用特别大口地吸气或呼气。

腹式呼吸的诀窍不在于必须使腹部有明显的隆起和收缩，而在于保持呼吸自然而深沉，所以不要有压力，做得不够标准也无妨。

如果你感觉自己把握不好吸气和呼气的时间，那么你可以按照吸气4秒、停顿2秒、呼气6秒的节奏来。

但这不是绝对的，用你最舒服的方式即可，尽可能地让呼吸缓慢而深沉。

如果你在进行腹式呼吸时感到有一点点头晕，不用担心，这是很正常的现象。

在改变了以往常用的呼吸方式后，一开始会有一点点不适，只要暂停15秒到20秒，之后再重新开始就好。

一般，我会建议我的来访者每天做至少两次腹式呼吸，每次5分钟到10分钟，时间可选择早起后和晚睡前。

当然，除了每天两次的固定练习外，在任何遭受抑郁情绪攻击的时刻，我们都可以使用腹式呼吸来放松身体。如果你能坚持两周以上的话，那么你将明显感觉到自己控制情绪的能力更强了。

抑郁、焦虑、惊恐等消极情绪所引起的身体问题，比如头痛、眩晕或心悸等，都可以通过腹式呼吸得到调控和缓解。

以下是腹式呼吸的其他好处，了解这些能为我们坚持练习腹式呼吸提供不少动力：

1. 增加脑部及肌肉组织的含氧量，有助于保持活力。

2. 刺激副交感神经，促使大脑变得平静。

3. 加强身心间的相互联系。

4. 让人的注意力更加集中。

意象引导

人类具有丰富的想象力，我们在脑海中构想的事情会深深影响我们的行为。

当处于抑郁状态时，我们很容易把自己想得极度悲惨，那感觉简直堪比祝英台失去了梁山伯，朱丽叶抱着已经死去的罗密欧。由此不难看出，想象有可能会加重我们的抑郁。

但想象也能帮助我们对抗抑郁，让我们从心理上放松自己。

下面我要教给大家的，就是如何利用意象引导法来修正我们的行为、感觉，以及大脑内部的生化环境。

请你确保自己所处的环境很安静，而且没有任何事情令你分心。找一个舒服的姿势，比如躺下或者将头靠在沙发上。

现在，简单放松一下，可以做几次腹式呼吸，或者伸伸懒腰、捶捶肩膀。准备好了吗？让我们一起来体验一次关于沙滩的意象引导：

慢慢地闭上眼睛，想象你正从一段长长的木质阶梯走下来，最终来到一片辽阔而美丽的沙滩。沙滩一望无际，上面几乎没人。沙子很细、很干净，看起来几乎是白色的。你赤脚走在沙滩上，沙子在你的脚趾间温柔地摩擦。沿着海岸漫步的感觉真好！

海浪的声音十分解压，使你的心完全放空。你正在看潮起潮落，它们缓缓靠近，一阵一阵拍打在沙滩上，又慢慢地退去。

深蓝色的海水让你看一眼就感觉很放松。你顺着海平面一直看到地平线，你注意到地平线向下微微弯曲，最终和整个地球的曲线慢慢融为一体。

你仔细看着海面，在离岸不远的地方，一艘白色的小帆船正沿着水面航行，溅起一道洁白的浪花……所有这些景象，都让你越来越放松，越来越放松……

继续沿着沙滩走下去，你开始感受到扑面而来的海风，它夹杂着淡淡的海盐味，你深深地吸一口……慢慢地吐出来……你感觉精神非常振奋。你注意到有两只海鸥在海面上徘徊，它们用优雅的姿势划出了美丽的弧线。

这时，你发现自己已经安静下来，进入了完全放松的状态。

你感受到海风轻轻吹过脸颊，高挂在头顶的太阳温暖地抚摩你的颈和肩。和煦的阳光以及湿润的海风让你更放松了，你正在享受这个完美的沙滩……

突然你发现，在不远的前方，有一张看起来很舒服的沙滩椅。你慢慢走向这张沙滩椅。当最终来到它面前时，你舒舒服服地坐在上面，慢慢地放空一切，进入了更深层次的放松状态。

不一会儿，你闭上眼睛，认真聆听海浪的声音，潮起潮落永不休止……你进入了一种平静、愉悦的美好境界……

在享受了一段美好的沙滩之旅后，现在你将逐渐回到现实。

现在我从一开始数数，你要注意，当我数到五时你才可以睁开眼睛，变得完全清醒。一、慢慢地准备回到一种清醒的状态。二、变得越来越清醒。三、开始移动你的手和脚，变得更加清醒。四、几乎回到完全清醒的状态。五、睁开你的双眼，这时你已经完全清醒了，整个人都感到神清气爽！

现在你的感觉如何？运用想象是否能让你有不一样的放松体验？

你也可以将刚才的这段意象引导练习用自己的节奏读出

来，并用手机录音。在任何时候，只要你需要，你都可以拿它来帮助自己进行放松。

小结：停一停，放松心情

以上两项练习均能有效帮助我们放松身心，从而减弱抑郁带来的不良影响。但需要注意的一点是，这些放松练习的本质并不是让我们去逃避或自我安慰，而是通过科学的方式打破原先的身心不良反应的恶性循环。

持久的练习有助于巩固放松的效果，进而让抑郁情绪的不良影响逐步减弱。

在解忧工具箱中，我也提供了一份用于记录放松练习进度的表格。不妨让我们从现在开始进行练习，让饱受抑郁折磨的身心停下来，好好享受此刻的轻松。

解忧工具箱：放松练习自助表

指导语：选择以上两种放松练习中的一种进行放松练习，结束后完成下面的表格。

日期	练习前情绪评分	放松练习的类型	持续放松时长（单位：分钟）	练习后情绪评分

我的来访者这么做

案例	日期	练习前情绪评分	放松练习的类型	持续放松时长（单位：分钟）	练习后情绪评分
任雨	×年×月×日	100	腹式呼吸	10	60
罗平	×年×月×日	97	腹式呼吸	20	54
杜缊	×年×月×日	95	腹式呼吸	10	70
雷利	×年×月×日	100	意象引导	20	65

对于躯体症状明显的罗平来说，腹式呼吸的效果尤为显著。而对于过于倦怠的雷利来说，一场休假是他内心深处的渴求，所以更多时候他会选择与度假村有关的意象引导练习。

在进行放松练习的初期，有些来访者可能会担心腹式呼吸的姿势不对，总是想要去感受腹部的隆起和收缩，或者担心意象引导练习中的意象不够让人放松等，这些担忧都是没有必要的，只会为放松增添无谓的负担而已。主动去尝试放松练习吧，当你开始这么做，你就会逐渐发现，自己缓解抑郁情绪的能力变得越来越强了。

第7节

正念

此刻是一枝花。

在正式开始本节之前，让我们先从我的来访者的一首小诗出发，共同感受抑郁风暴是如何被正念平息下来的：

今天的她依旧想

今天的她依旧想化作鸟儿。

她房间的窗外有棵树。

从窗户往外，

就能看到大片的绿与天空的蓝交织。

她的书桌就在窗前。

她打开窗，坐下，

思绪顺着树干、树枝、树叶，攀向天空。

无法预知的未来，不想面对的痛苦。

眼泪从她眼角滑落，冰凉深入衣裳。

坠落，坠落，坠落，坠落，坠落……

唯一的想法占据了她的大脑，将周围的一切排挤出去。

像有一根救命稻草，拼命呼唤她。

抓住它，抓住它，抓住它。

四周的一切如同被敲碎的玻璃般，裂开，散落，只留空白。

抑郁又一次来了。

它就在下面，在无尽的深渊。

快要下雨了，微凉的风吹过，带来了一丝青叶的味道。

好好闻，她想。

她突然很想换个地方。

她家的阳台种有不少绿植，她走到阳台就能闻到。

是好闻的味道。

她拿了把小椅子在阳台坐下，戴上耳机，闭上了双眼。

"翩然，起舞……"

随机播放到了她最近喜欢的歌，自由的歌。

起舞吧，起舞吧。

女孩在没有观众的舞台上抬起双手，随着音乐随心所欲
地舞动。

又是一阵风吹过，

浓烈的青叶香争先恐后涌入鼻腔。

风在为她鼓掌。

一曲毕，她睁开双眼。

透明的痕迹早已被风带走，只留香气缠绕在她身旁。

她不自觉笑了一下。

从这首小诗中，我们不难看出抑郁发作时我们的思绪很容易就被它带走，并按照它的指令去悲伤、哭泣或伤害自己。

然而，一旦我们意识到抑郁的感觉会骗人，我们无须时时刻刻听从它的摆布时，抑郁的影响力自然而然就减弱了。

此刻，正念等心理学方法有助于我们扎实地活在当下，抑郁的感受也更容易因为正念而烟消云散。那么，究竟什么是正念呢？

众所周知，一堆柴火要想烧得旺，除了要持续添柴，还要留有空隙，使柴与空气充分接触。如果把柴堆得密不透风，那么火苗很快就会熄灭。人类的大脑也一样，如果它不停地接受抑郁的教唆，总被消极情绪围绕，那么这不仅会使大脑的工作效率降低，还会引发各种心理问题。

所谓正念，其实是一种有意识地、非评判地观照当下的心理练习。它是一种让大脑放松，给大脑"加空气"的高效方法。脑影像研究发现，正念的确可以使疲惫的大脑放松下来。当前，正念已成为一种新流行，许多我们所熟知的偶像和知名企业家都曾受益于正念，比如科比、乔布斯等。世界冠军谷爱凌在接受奥组委采访时也表示，她喜欢通过弹钢琴和正念的方式来减压。

我们可以随时将正念融入生活，好好地觉察和体验当下，拓展每一秒钟的宽度。就像健身并非只局限于去健身房一样，正念练习也可以随时随地展开。

现场练习：一分钟正念

下面，不妨就让我们先来试试一分钟正念：

首先，请坐在直背椅上，挺直腰身。如果可以的话，不要靠着椅背，让脊椎保持平直。双脚平贴在地板上，闭上眼睛或让视线下垂。

接下来，让我们把注意力放在呼吸上，感受气息进出身体，觉察每次吸气和呼气的不同感觉。无须用任何方式改变呼吸，也无须寻求任何特别的感受。

如果发现分心了，不必责怪自己，只需把注意力重新放在呼吸上就行——觉察这种状态，并不带批判地重新集中注意力。这是正念练习的重点。

最后，你的心可能会像一潭没有涟漪的清水，你会体会到一种绝对沉静的感觉，多数时候，这种感觉稍纵即逝。如果你感到的是愤怒或气急败坏，请记住这可能是短暂的。总之，不管发生什么，让你的心呈现真实的面貌就好。

一分钟后，睁开你的眼睛，重新意识到周围的事物：从坐着的椅子开始，然后是地面、桌子……一直到整个房间，最后结束本次正念练习。

当我们把全部注意力放在呼吸上时，我们就能很好地觉察到心中产生的想法或信念，进而一点一点摆脱想法的纠缠。

你会逐渐发现，原来想法是我们自己形成的，我们既可以让它们出现，也可以让它们消失。当你感受到这些想法或信念起起落落的时候，你就会发现尽管很难轻易驾驭它们，但可以选择不被它们带走，即保持非评判的态度。非评判并不意味着不评判或是放弃评判，而是在评判出现后，尝试不被它牵着走。

当抑郁情绪或压力盘踞心头时，不要把一切都归咎于自己，而要试着将它们当作天空中的乌云，以友善的好奇心观察这些乌云飘来飘去。

我们无法也无须去阻止乌云笼罩天空，只需观察它的来去与翻涌，这就是能让自身感到放松的非评判式回应。

练习正念的好处

目前有关正念的研究发现，它有如下益处：

1.让人冷静和集中思维。

2.让人排除内心其他干扰。

3.让人觉知自己的想法，从而更好地应对抑郁事件。

4.用非敌对的态度看待抑郁情绪，从而有助于减轻压力。

5.提升对自我的洞察力和管控能力。

6.降低对压力事件的反应程度。

除此之外，有研究发现，正念能有效预防抑郁复发（见图2-5）。《柳叶刀》发表的一篇研究报告显示：用正念防止抑郁复发，效果与药物相当。

在此项研究里，研究人员把424名患有严重抑郁症的成人随机分为两组，其中一组服用抗抑郁药物，另一组接受正念认知治疗，正念认知治疗的主要方式为正念练习，辅以认知行为指导和瑜伽。

结果显示，两组研究对象在两年时间里的抑郁复发率分别为47%（药物组）和44%（正念组），几乎无显著差异。该研究的领导者是英国牛津大学的临床心理学教授威廉·库肯，他表示，通过训练身心，正念使受试者对自身的遭遇做出了更具建设性的反应，这有助于防止他们再次陷入抑郁。

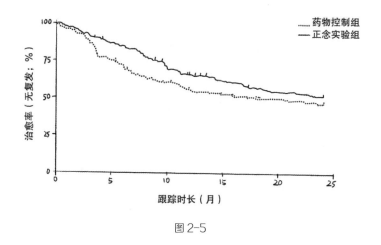

图 2-5

　　麻省大学医学院的乔恩·卡巴金也以住院患者为研究对象，实施了持续 8 周的正念减压项目。他发现，正念不仅可以显著缓解患者的焦虑、抑郁和烦躁情绪，还可以提升患者的记忆力，加快其反应速度，强化其心理韧性和体能。长期的正念练习还可以减轻慢性疾病带来的疼痛，降低患者对药物或酒精等物质的依赖，甚至让人拥有更健康的人际关系。

将正念融入生活

　　正念不仅在临床治疗中备受关注，它也有助于普通人生活质量的提升。由于简单好操作，我们所有人都能将正念融入自己的生活。我们既可以跟随手机中的应用程序进行正念练习，也可以专注于日常体验，比如某栋居民楼里传出的聊天声、小孩子咯咯咯的笑声、老年人慢吞吞的踱步声，甚至空调发出的嗡嗡声。只要愿意，我们可以随时随地进行正念练习。

下面，我来进一步和大家分享一些关于正念的核心理念与操作技巧。

正念与我们之前所提到的认知练习的相似之处在于，它们都不提倡急于对事件本身做出反应。不同的地方在于，正念的展开方式更为温和，它能让我们更平静地去观察生活中的每一个细节。

正念鼓励我们给自己更多耐心，保持开放和坚韧，并让这些特质帮助我们挣脱抑郁、压力和不愉快所形成的心灵枷锁。

它告诉我们：不是每个问题都必须按照某种方式来解决，我们没有必要强求自己去解决某些无法补救的问题，适当停下来不做出反应或许是更明智的选择。

当然，这并不意味着正念是在否定大脑想要解决问题的自然欲望，它只是提醒我们，不必急着做出反应，留出充足的时间和空间其实更有利于我们选择最佳的解决方案。

世界是多元且不断变化的，有些问题需要我们选择情感体验上最好的方式来解决；有些问题需要我们通过理性的方式来一步步处理；有些问题需要我们用直觉和创意来面对；还有些问题需要我们暂且置之不理，交给时间就好。

正念能帮助我们通过"停一停，看一看，想一想"的方式，去打破一些旧的思考模式与行为习惯，让我们变得更加积极、更加富有觉察力。

最终我们会惊讶地发现，即使是很细微的生活方式的改变，如开会的时候换一张椅子坐，用左手刷牙，又或是换条路线上班等，也会带来极大的快乐与喜悦。

在我做住院医师时，我会经常邀请我的住院患者开展一些种植类的活动，共同观察植物从发芽到开花的生长过程，同时每天固定进行正念练习。一段时间后，很多抑郁者切断了思维上的恶性循环，他们的生活也变得不那么痛苦了。

更多的正念练习

除了前文提到的一分钟正念外，本节还将提供另外两种我在临床中常用的正念练习：

第一种方法是正念呼吸。它有助于我们放松和集中意识，每天5分钟就可以让人感觉更加振奋、更有活力。

首先我们需要留出专门的时间来"什么都不做"，接着随喜好选择警觉或放松的身体姿态，同时，冷静地看待你当下的心理反应。

准备好以后，在吸气时默数"一"，在呼气时默数"二"，再次吸气时默数"三"，再次呼气时默数"四"……以此类推，注意尽量使呼吸的频率保持不变。

当数到十的时候，返回数字"一"继续这个循环。（如果超过了数字"十"，那么你就知道自己走神了。）

当你走神时，不必责怪自己，简单指出它偏向了哪里并回到呼吸上来即可，然后重复上面的过程。

第二种方法是身体扫描，它有助于我们进行全身放松。你可以先用缓慢而轻柔的语气录音，然后跟随录音做练习。

身体扫描指导语如下：

找一个温暖且不会被打扰的地方，让自己舒服地躺下来，背部平贴在地毯、软垫或床铺上。然后轻柔地闭上你的双眼，花几分钟时间来感知一下自己的气息运动和身体感觉。

准备好以后，开始关注自己的身体感觉，尤其是自己与地毯、软垫或床铺接触部位的触觉。每次呼气时，允许自己不紧绷。提醒自己练习的意图是什么，不是为了去获得任何与当下不同的体验，而是尽自己所能，按顺序在身体不同部位间转移注意力，同时对你体会到的身体感觉加以觉察。现在，将注意力带到下腹部，去觉察你在呼气吸气时腹部感觉的变化，注意花几分钟来体会……

慢慢地，将注意力放在左腿上，再到左脚，再到左脚趾，依次关注左脚的每个脚趾……

带着充分的好奇心来探究自己的感觉，脚趾之间接触的感觉或许是麻麻的，或许是温暖的，或许并没有什么特别的感觉。

接下来吸一口气，感觉或想象气息从你的鼻腔进入，经由胸部、腹部到达左腿，一直到达左脚趾；呼气时，则感觉或想象气息按原先的路线返回，从脚趾开始，经过腿部、腹部、胸部后从鼻腔呼出。试着用这样的方式持续进行几次呼吸。也许这种方法实施起来有点难，但你可以带着些许游戏的心态，去慢慢尝试。

（停顿）

…………

现在呼出一口气，放松自己的脚趾，将意识集中到左脚底部，轻柔地去觉察脚底的感觉。当你身体的某一部位感到紧张或者产生了其他强烈的感觉时，你可以在吸气时轻柔地去觉察这一部位的感受，在呼气时尽量地去放松这一部位。

我们的思绪会不时游离到身体之外，这很正常。如果你觉察到了它的游离，就轻柔地辨识它，看它到底去了哪里，然后再温和地把注意力带回到原本专注的身体部位上。

现在把自己的注意力扩展到左脚的其他部位，比如脚踝、脚背等，然后深吸一口气，并把气息导入这些部位；呼气时，则让气息完全离开左脚，将注意力依次集中到左腿的各个部位，比如小腿肚、胫骨、膝盖等。

如果你觉得自己有点昏昏欲睡，那么你可以用枕头将头部垫起来，睁开眼睛练习，或者坐起来进行身体扫描，继续通过呼吸将觉察的重点转移并聚集到身体的其他部位：右脚、右腿、骨盆、背部、腹部、胸部、手指、胳膊、肩膀、脖颈、面部、头部……

对于身体的每个部位，都轻柔地进行觉察，在吸气时将注意力集中在这个部位，在呼气时让注意力离开这个部位。

以这种方式逐一扫描身体各个部位后，再花几分钟，把全身当成一个整体来进行扫描。感受这种全然一体的感觉，感受所有感觉的来来去去，觉察气息自由进出身体的感受。

小结：正念每一天

本节我们分享了3种常用的正念练习类型，即一分钟正念、正念呼吸和身体扫描。每天坚持练习1~2次，并通过解忧工具箱中的正念练习自助表来做记录。

建立自己的正念练习模式，不仅能帮助我们及时觉察抑郁的影响，而且能让我们带着轻松的大脑重新迎接挑战，最终有效提升自己的生活质量。

解忧工具箱：正念练习自助表

指导语：按照正念练习的操作内容，选择相应练习类型并完成下面的表格。

日期	练习类型	持续时间 （单位: 分钟）	感想和体验

我的来访者这么做

案例	日期	练习类型	持续时间（单位：分钟）	感想和体验
任雨	×年×月×日	正念呼吸	20	虽然我会走神，但我可以做到不去评判自己，只是温柔地将自己的注意力拉回来。这是个神奇的做法，它让我的内心非常平静。同时之前经常冒出来的贬低我的声音（幻听）似乎减弱了，慢慢地，我可以不那么在乎那些声音，只将注意力放在呼吸上了
罗平	×年×月×日	正念饮食	15	我试着将正念融入我日常的饮食中，于是我改变了以往狼吞虎咽的进食方式。吃得更慢后，我意外地获得了很多原先被我忽视的感受，比如汉堡里的肉饼其实不仅有瘦肉，也会有肥肉，它们的口感是如此不同
杜缊	×年×月×日	正念呼吸	10	在进行正念呼吸练习两周后，我感觉自己内心的交战少了很多。我可以把念头只当成念头来看，任由它来来去去。我就好像站在楼下的公交站台，看着一辆辆念头巴士进站又离开，我不必坐上每一辆巴士。如果不小心搭上了一辆错误的巴士，我也不会责怪自己，而是好奇地观察它的去向，到站之后让自己下车就行
雷利	×年×月×日	身体扫描	40	在工作日的午休时间进行正念练习，只是跟着指导语就好，不用强行逼着自己入睡。结束后我感觉精力充沛了很多

正念经常会给来访者们带来一些全新的体验，在将正念带入生活后，很多人还能解锁它的不同使用场景，比如正念饮水、正念行走等。

在使用正念替代原先短促的午休后，雷利感觉大脑变轻松了，同时压力也小了很多，下午办公的效率也提升了。在将正念与饮食结合后，罗平发现自己吃得更慢了，也更能享受食物了，咀嚼次数的增加使他更容易产生饱腹感。在开启这种新方式之后，罗平还轻轻松松地减重了10斤。

第 8 节

行为激活

解忧不仅关乎所想，

更需落实于所为。

前文所提的认知重塑、认知解离等方法主要通过改变不良认知和不恰当的思维方式，即通过修正认知来控制抑郁情绪，而行为激活（behavioral activation）则专注于修正行为而非思维。前者是一种"由内到外"的技术，后者则是一种"由外到内"的技术。

行为激活主要基于抑郁的"不相称"模型来改善抑郁。依我们所知，很多深受抑郁困扰的人常表现为精力下降、易疲劳、社交退缩、活动度低下等，正是这些病理性的行为导致抑郁个体难以获得积极情绪体验，继而进一步加重抑郁。因此，心理学的观点认为，通过改变行为，情绪也可以得到改善。

要进行有效的行为激活，需要专业心理医生根据具体情况制订有针对性的治疗计划，但我们可以先了解行为激活，并试着做出一些小的行为改变。

新行为，新感受

英国埃克塞特大学的健康服务研究员大卫·理查兹说："人的行为与感知觉是相互联系、相互影响的。" 森田疗法创始人森田正马的学生高良武久博士也认为，许多事情并不一定非要等到有了自信或动力之后才去做，"恰恰相反，我们只有先去做事情，才能慢慢产生自信心"。

在临床中，面对一位喜欢大自然和重视家庭的抑郁者，心理治疗师可以鼓励他每天同家人到公园里散散步。这样做一来增加了他与外界的接触，二来让他多了一个选择，让他在感到悲观时不至于沉溺其中。通过接触外界，抑郁者有更多机会获得他人的认可，并进行积极的自我评价，能起到树立自信心的作用。

遭受抑郁情绪困扰的人在做事时往往缺乏自信、优柔寡断，迟迟不肯采取行动。越是这样，抑郁情绪就越容易带来持久影响，所以，行为激活疗法重在识别那些维持抑郁的行为模式，并对其进行干预。

我的一位来访者以往每次抑郁时，总习惯把自己关在房里哭。在一次治疗中，我们讨论到她可以在下次抑郁发作时试着走出房间，去楼下的水果店挑一份自己爱吃的水果。当这个新的替代行为被激活后，她因为抑郁而哭泣的次数有了明显减少。

用运动鞋来取代"百忧解[①]"

具体来说,激活哪些行为更有利于我们改善抑郁情绪呢?

有个通俗的比喻叫"用运动鞋来取代百忧解"，这说明有氧运动可以达到与某些抗抑郁药物同样的效果。

杜克大学医学院的迈克尔·巴比亚克教授在一项研究中将抑郁个体分为3组：在10个月内，A组只服用舍曲林（一种抗抑郁药，商品名为百忧解）；B组除了服用同等剂量的舍曲林，还会每周运动3次，每次持续45分钟；C组不吃药只运动，运动频率及持续时间与B组相同。10个月后的结果显示（见图2-6）：规律锻炼取得了比单纯用药更好的效果。

所以，对于能保持规律运动的抑郁者来说，运动鞋是可

---

① 一种抗抑郁药，其主要成分为盐酸氟西汀。

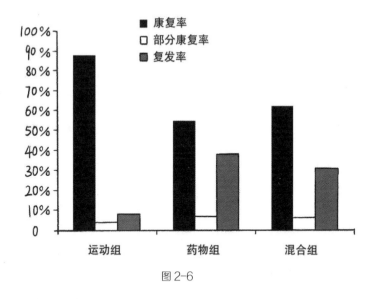

图2-6

以取代百忧解的。

为什么有氧运动在改善抑郁情绪方面会有如此显著的效果呢？因为运动能够促进大脑分泌一种叫作内啡肽的"快乐激素"，内啡肽越多，我们就越开心。同时内啡肽还具有镇痛的效果，它可以有效缓解抑郁带来的痛苦感受。

在《美国精神病学杂志》中，一项规模庞大的研究分析了有氧运动与抑郁的纵向关系。研究样本共包含34000名社区居民，最开始的调查显示，所有居民均无显著抑郁。其中，近40%的居民每周开展有氧运动1小时以上，剩余60%的居民每周的运动量则低于1小时。

经过长达11年的跟踪评估，研究者发现，运动量较少的人群出现显著抑郁症状的可能性为运动量较多的人群的1.25 ~ 1.5 倍。

虽然这项研究并非尽善尽美，却带给了我们一些启示。从实践层面讲，有氧运动可能是人们相对容易接受的一种抗抑郁方式，哪怕每周我们只进行一小时的锻炼，也能有效对抗抑郁。

当然，"运动鞋"不仅仅是指运动，走出房门去亲近大自然也是一种很好的行为激活方式。

一位英国研究员在伦敦的两个街区做了一项有趣的研究，结果发现，街区的绿植越多，居民的抗抑郁药物消耗得越少。色彩心理学的相关研究也发现，绿色更容易让人产生心神宁静的感觉。

所以，当你心情欠佳或被抑郁情绪侵扰的时候，不妨试着走进大自然！到家附近的公园去溜达一圈，或者在室内养些花花草草，这同样有疗愈和舒缓心情的作用。

现场练习：五感转移法

对于突如其来的抑郁发作，行为激活是否有办法呢？答案是肯定的。

抑郁的一个结果是加强自我反省，针对这一点，我们完全可以利用五感转移法来分散并转移当下的注意力，让抑郁无法抢夺我们的注意力。

现在，我们就来试试五感转移法吧。请按照以下顺序依次进行操作：

首先是视觉，用眼睛去寻找视野范围内的 5 种不同物体，并说出它们的名字。

其次是触觉，用手或其他身体部位去触碰可触达的 4 种不同物体。

再次是嗅觉，找到身边 3 种不同的物体，闻一闻它们有什么不一样的气味。

接下来是听觉，制造两种声音，用耳朵来细听这两种声音的变化。

最后是味觉，用舌头去舔一种干净的物体，仔细感觉一下它的味道。

这一套操作下来，你是什么感觉呢？不仔细回想的话，你是否还能记起几分钟前大脑正在思考的事物呢？

如果你认为五感转移法的力度稍逊了一点，那么你可以继续做些强化工作，通过愉悦五官的方式来减弱抑郁对你的影响。

视觉方面，当抑郁发作时，欣赏山河美景是一种能令人感到心旷神怡的选择。观看一个动态视频，效果也不错。你还可以看一部喜剧电影。一般来说，我不建议优先观看悲伤的影视作品，除非你真的需要好好发泄一下压抑许久的情绪。

听觉方面，一首好听的歌曲是愉悦耳朵的绝佳选择。轻快的民谣在临床中常被心理医生推荐，因为民谣会帮助我们抒发某些细腻情感。任何一首你听了会感到愉悦的歌曲都可以，面对抑郁发作，我们没必要再为自己多套上一层"应该"的枷锁。

嗅觉方面，当下流行的香薰机是个不错的选项，它不仅操作方便，还可以随时更换气味。女性朋友可以直接选择一款自己喜欢的香水喷在所处环境中或者自己身上，让全身都浸润在令自己感到愉快的气味里。美食爱好者们还可以考虑到街上寻找慰藉，面包房刚烤好的面包的味道，街边摊刚出炉的烤饼的味道……都是抚慰心灵的人间烟火味。

触觉方面，泡个脚，洗个热水澡，寻求一个温暖而有力的拥抱等，都可以帮助我们达到缓减压力、排遣抑郁的目的。

味觉方面，无论是蛋糕、糖果还是巧克力，甜食总能给人带来愉悦的感受。这里我更推荐香蕉，因为香蕉能促进大脑合成一种名为5-羟色胺的"愉悦激素"，它能使我们的心情变得更加轻松、快乐，而且会大大降低长胖的风险。但是需要注意，暴饮暴食是不可取的。

小结：开始行动起来吧！

相比认知疗法，行为激活疗法更容易实施且同样有效，激活新的行为并养成习惯能带给我们一种充实、快乐和有价值的感受。

要知道，激活任何一个与抑郁无关的行为都可能会有效阻断抑郁的蔓延。我在解忧工具箱中提供了一些常用的行为激活练习类型供大家选择。

解忧工具箱：行为激活自助表

指导语：按照行为激活的操作内容，选择相应的练习类型（在选择的练习类型后打"√"），完成下面的表格。

我感兴趣的行为激活练习类型：
运动
去公园散步
照料植物
五感转移法
其他：
我的目标是每周练习 ___ 次，每次至少练习 ___ 分钟

提前做好准备（例如，在短视频平台上寻找喜欢的健身博主或生活博主）：
设置提醒（例如，在日历上安排时间，在手机上设置闹钟）：

我的来访者这么做

我感兴趣的行为激活练习类型：
运动（罗平的选择）
去公园散步（杜缊的选择）
照料植物（　　　　）
五感转移法（雷利的选择）
其他：做手工（任雨的选择）
我的目标是每周练习 × 次，每次至少练习 × 分钟
提前做好准备（例如，在短视频平台上寻找喜欢的健身博主或生活博主）：
任雨在社交平台上收藏了很多手工艺品的制作方式 罗平开始观看健身博主的直播 杜缊计划和儿子每天都出门去附近的公园散步 雷利物色了几家公司附近的面包房

设置提醒（例如，在日历上安排时间，在手机上设置闹钟）：
任雨设置了闹钟提醒她抢购手工材料 罗平在日历上安排自己在单日观看健身成果以激励自己，在双日去健身房健身 杜缊安排每晚 7 点准时和儿子一起出门散步 雷利将自己每周一、三、五的早餐定为面包，在购买面包时使用嗅觉满足法，在吃面包时使用味觉满足法

　　激活新的行为有效改变了来访者们的抑郁应对方式。与儿子一同散步的行为让杜缊不再那么压抑自己，时常和孩子分享互动的做法大大促进了他们的亲子关系，让她不再感到自己是那么孤立和绝望。

　　有些时候，找到感兴趣的行为并不容易，尝试之前从未进行过的新行为也可以，比如射箭、打网球、玩剧本杀等。兴趣是很好的行为驱动力，但是我们的行为并非总需要靠兴趣驱动。哪怕只是观看一些新行为的视频，也会激活我们脑中的镜像神经元[①]，帮助我们提升激活新行为的可能性。

---

① 镜像神经元是脑内一组在观察其他个体执行动作时会激活的脑神经细胞。这些神经元让我们可以利用自己的经验来理解他人的行为，也赋予了人类通过模仿来学习的巨大能力，从而使高效的文化进化成为可能。

第9节

自我关怀

把自己照顾好，
是我们对这个世界最大的贡献。

你有多久没好好关怀过自己了？

我们每个人都承受着压力和期许。当我们回应这些压力和期许时，往往会出现情绪的变化。这些回应往往会阻止我们进行自我照顾。

我们的身心好比一辆车，大脑是驾驶员。倘若驾驶员眼里只有目的地，只顾一个劲儿向前赶，很快他就会感到两眼酸涩、全身疲劳。越着急，他就越会一个劲儿地猛踩油门，忘记车子会发烫、会损耗。如果车子持续长时间高速行驶，得不到维修保养，那么它就会出故障、失灵，从而引发交通事故。

在赶赴目的地的路上，猛踩油门是没有问题的，但也要有减速和停下来等待的时刻。

我们的身心潜力巨大，但也敏感脆弱，在需要休息的时候，我们不应逼它们继续做那些我们自认为"有价值、有意义"的事情。

健康的体魄和柔韧的内心是我们一生的财富，当我们能照顾好自己、让自己情绪稳定时，我们才能更好地处理事情，才能稳定地、持续地成长。

关怀自我是本能的渴求

心理学家克里斯廷·内夫指出，自我关怀是指一个人有能力认识到自己正在经历某种令人痛苦的体验，同时有能力去感知这种体验所带来的感受，并且还有能力在这个过程中用足够的爱与善意来照料自己。这种照料的方式可以是精神上的、情感上的、行为上的。

自我关怀是一个主观的探索过程。正如前面章节中提到的那样，在感到抑郁、心情不佳时，我们需要及时识别自己的认知歪曲，觉察过度的自我批评，并如实观照自己当下的状态，继而通过认知重塑、认知解离等方式开启自我关怀的模式，将自我怀疑转换为自信地探索和成长。

自我关怀不是随心所欲的，很多时候，精神上的爱与关

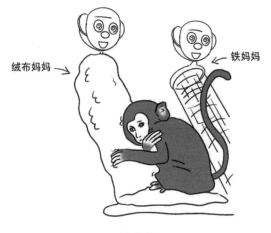

图 2-7

怀远胜身体上的照料。那项著名的恒河猴实验（见图 2-7）让我们知道：没有奶水的"绒布妈妈"比有奶水的"铁妈妈"更受依恋。

在一天中，小猴子花了将近 19 个小时跟"绒布妈妈"紧紧抱在一起。它只有在十分饥饿时才会吮吸"铁妈妈"的奶水，其余时间则是在两个妈妈之间来回跳动。

自我关怀主要有 3 个要素，分别是善待自己、共同的人性和静观当下。

让我们来具体探讨一下这些要素的含义：

1. 善待自己

从小我们就被教导要宽以待人、学会聆听，但很少有人告诉我们，在自我感觉不好时，该如何体谅、宽慰自己。

148

我们做得好时，往往被视为理所应当；做得不好时，却要被严苛对待。关于该如何善待自己，我们可谓"知之甚少"。

善待自己是主动向自己释放善意，用友爱的方式理解自己，停止自我批评。

缺乏自我关怀的人，心里往往同时住着批评者与被批评者，它们彼此为敌，相互对抗。但"我真蠢""我好没用""我就是个废物"等想法只会让我们变得更糟，这个时候，我们需要调动大脑的高级认知功能，告诉自己到了终止内心交战的时候了。

我们不仅要停止自我批评，还要像对待陷入窘境的好友一样，积极主动安慰自己。你会像批评自己一样去批评身边的好友吗？显然不会。相反，在对方自责不已时，你会给予温柔的安慰。

2. 共同的人性

共同的人性就是我们要把自己当成有血有肉的人看，而不是当成强人、超人看，同时也把他人当成和我们一样的、拥有相同情感的人来看待。

我的一位来访者是名创业者，他说身边的人几乎每天都工作到凌晨两点，而自己却在晚上12点下班。他因自己不够优秀、不够努力而感到抑郁、痛苦。尽管他觉得身边的人比自己强也比自己努力，但其实在周围人眼里，他也是个优秀且努力的人。

共同的人性需要我们感受到自己与他人在生命体验上的契合，而不是被自己的一些灾难化的想法或痛苦所孤立和隔离。

它让我们知道，大家都一样，都有喜有悲，有好的地方也有不够好的地方。我们在困难时刻体验到的痛苦，和他人在困难时刻体验到的痛苦并无差别。

面对挫败，我们无须用"为什么是我""不应该是我"等想法自我折磨。

3. 静观当下

静观当下就是将前文所说的正念运用到自我关怀中，它要求我们以客观的态度对体验保持觉察，既不忽视也不夸大自身的痛苦。

静观当下教我们直面现实，即对此刻发生的事情保持清醒和非评判的接纳态度。我们需要如实看待事物本身，这样方能对当前的境遇展现最有效的关怀。

现场练习：从此刻开始自我关怀

接下来让我们通过3项具体的练习，共同实践自我关怀。

1.善待练习

在感到抑郁的时刻，我们可以站在最知心朋友的角度，进行一场充满关怀的自我交谈。这里要注意以下几点：

首先，关注我们何时会进行自我批评；当我们进行自我批评时，我们是什么角色；我们是扮演了父母、老师，还是老板的角色；这些角色会有什么样的语气和用词。

其次，以关怀而非评判的方式进行自我交谈，将自我批评以亲切、友好、积极的方式重新编排。

最后，模仿好朋友的语气以及关切的神情，开始倾诉你因为自我批评所承受的痛苦，并对这些痛苦表示理解与同情，最终尝试改变现状。

2.探索练习

有时候我们会被抑郁、焦虑等情绪困扰，很大原因在于我们没办法如实看待自己。

我们过分介意自己不好的方面，忽视了自己也有好的方面，而这让我们越来越难以看到真实的自己。

本节解忧工具箱中的自我关怀自助表能帮助我们客观地看待自己。当审视这些内容的时候，我们可以看到自己的优势和不足，你是否能发现自己的优势，接纳自己的不足呢？

3. 人际练习

当在人际关系中受挫时，开展自我关怀会更困难。我们习惯把来自他人的一时伤害看作真实且持久的创伤，从而深感抑郁。所以人际练习可以让我们试着学习宽恕伤害过我们的人。

如果这对你来说比较困难，那么你可以把曾经伤害过你的人划分等级，先从伤害最小的人开始。

现在我们来审视这个人的伤害行为，看一看是否能找到背后的原因。可以试着考虑以下问题：

他是否感到害怕、困惑、愤怒或感受到其他强烈的情绪？

他是否有应激性经历，比如在经济上或感情上失去了安全感？

他是否正在应对较为困难的情形？

共同的人性告诉我们，人人都可能遭受痛苦，所以我必须要继续和他纠缠吗？还是过好自己当下的生活？

这里请注意，宽恕并不意味着要完全原谅，而是可以选择放下，不再纠缠。

现在让我们更进一步，想想为什么对方没有停止自己的行为。

很明显，他们已经不能自控了。因为他们缺乏稳定而成熟的情绪，缺乏共情和延迟满足的能力。

为什么缺乏呢？因为他们在成长过程中遇到的角色或榜样非常糟糕，他们从来没有发展出这种能力。我们可以选择不跟他们一般见识，并发展那些让我们的生活变得更好的心理技能。

如果我们认为这样的人是卑鄙的、自私的，那么我们可以想象一下是什么导致了这样的人格类型的出现。是不安全的依恋、社会孤立、生活经历还是遗传特质？我们不一定要去理解他们，但是我们可以试着想一想。

一旦我们对他们行为的成因和条件有了更好的理解，放下愤怒和怨恨就变得比较容易了。我们的愤怒和怨恨不一定要减少到 0 分，从 100 分降到 80 分也是一种改变。

心理学不会要求我们消灭某种情绪，深度的解忧也不是让我们不再出现不好的情绪，而是让我们更好地驾驭它们。

共同的人性告诉我们，人类是有局限性的，犯错误在所难免。我们要意识到，有时我们自己也会做出一些出格的事情。

人生中有许多让人感到无能为力、无可奈何的事情，既然我们没有办法完全抹除它们，那么就不妨使之随时间隐入尘烟。

现在，你能宽恕他们吗？

宽恕他们不是必要的，但我们的心灵可以因此变得更加平静、满足。

小结：进行一个自我关怀仪式

请把手放在心口，让我们为正在经历痛苦的自己提供仁慈、理解和关怀。

记住，在抑郁面前，我们并不孤单。

愿我们安全。

愿我们平静。

愿我们对自己仁慈。

愿我们接纳真实的自己。

愿我们接纳自己真实的生活。

在你不舒服以及难过的时候，可以试着把这个小小的仪式做一遍，好好用心关怀自己。把自己照顾好，就是我们对这个世界最大的贡献。

解忧工具箱：自我关怀自助表

指导语：根据下面的表格，开展自我关怀的 3 项练习。

善待练习 （任雨的选择）			探索练习 （杜缊的选择）			人际练习 （罗平的选择）		
我的困境是	我最好的朋友是	对方会如何回应我	请列出自己高于平常人的5个积极特质	请列出自己表现平平的5个积极特质	请列出自己低于平常人的5个积极特质	曾经受过谁的伤害	这些伤害背后的成因可能是	我还想和这些伤害纠缠的程度是（0～100分）

我的来访者这么做

善待练习 （任雨的选择）			探索练习 （杜缊的选择）			人际练习 （罗平的选择）		
我的困境是	我最好的朋友是	对方会如何回应我	请列出自己高于平常人的5个积极特质	请列出自己表现平平的5个积极特质	请列出自己低于平常人的5个积极特质	曾经受过谁的伤害	这些伤害背后的成因可能是	我还想和这些伤害纠缠的程度是（0~100分）
成绩糟糕，未来难有希望	何晴	虽然你觉得自己的成绩比之前退步了不少，但是你仍然在努力学习，这也很了不起呀！我觉得像你这么努力，即便这次考不好也可以生活得很好，而且我会一直陪着你的！	1.我很善解人意，有很强的同理心 2.我乐于助人 3.我很善良 4.我很谦虚 5.我很好学	1.我的好奇心和普通人差不多 2.我的诚实守信能力和大多数人差不多 3.我交友的能力一般 4.我对朋友很热情，对其他人就没那么热情 5.我的乐观程度一般	1.我的创造力不是很强 2.我没什么领导力 3.我没那么细心谨慎 4.我不是很自律 5.我没有很幽默	小学时我曾被同学霸凌	那时同学年纪小，比较无知，错把霸凌当玩笑	50

156

第 10 节

心 理 韧 性

我们无法改变已经发生的苦难，
但我们能够改变应对苦难的方式。

两个旅行者在沙漠中迷路了，他们各自都只剩下半瓶水。一个人说："真糟糕，只剩半瓶水了。"另一个人说："太好了，还有半瓶水！"前一个人倒在了离水源仅有几百米的地方，而后一个人凭着半瓶水找到了水源，最终走出了沙漠。

我们可以通过以上这个寓言故事想一想：当遇到不顺心的事情或挫折时，自己的第一反应是消极抱怨，还是从容地应对呢？

每个人都会面对困境和挑战，甚至遭遇天灾人祸，为什么有的人在经历困难后能恢复到原先的状态甚至变得更强大，而有的人却很脆弱，甚至在逆境来临之前就陷入崩溃？

心理学的研究给出了答案：人的心理韧性有强有弱。心理韧性强者往往是那个积极看待半瓶水的人。

心理韧性的三重境界

心理韧性（resilience），也称心理弹性、抗挫力等，是一个人从逆境、冲突、失败甚至是积极事件中恢复常态的心理能力，它能让我们具备灵活应对抑郁挑战的心态。

我国著名心理学家彭凯平教授将心理韧性分为三重境界：

第一重：复原力。指在痛楚、磨难、失败和压力等的挑战下，人们能够自我调适并复原的能力。这也是人们成长过程中特别重要的保护机制。

物美超市创始人张文中曾因错判入狱7年。出狱之后，他说自己还要回到原来的行业，不忘初心，服务社会。很快，他便投身到物美的一线业务中。这体现了他极强的复原力。

第二重：抗逆力。这是面对长远目标时的坚持力和耐力，也即意志力、自控力等。中国文化所提倡的"天行健，君子以自强不息"，就是这种生生不息的顽强精神。

决定一个人成功的因素，有时候不是智商、情商，也不是家境、人脉，而是百折不挠的坚韧品质。著名文学家苏轼，才华横溢却宦海沉浮，一生三起三落。坎坷中的他练就了宠辱不惊、豁达通透的品性与胸襟，"一蓑烟雨任平生""也无风雨也无晴"是他豁达胸襟的最好体现。

第三重：创伤后的成长力与发展力。指因逆境和其他挑战而获得的积极心理变化和心理功能的提升，通俗来说就是一个人在受到打击之后，依然能奋起直追，更好地发展自我，实现更高的人生价值的能力。

在2008年的汶川大地震中，舞蹈老师廖智失去了女儿和双腿，丈夫也弃她而去。坚韧的她戴上假肢重返舞台，开办工作室帮助和她一样的残障人士，还重建了家庭。她的经历正如尼采所说："凡不能杀死我的，必将使我更强大。"

心理韧性面面观

一个遭遇逆境的人，凭借自己强大的内心力量和坚持不懈的努力克服了困难，我们说这是心理韧性的作用。与此同时，一个较为脆弱的人幸运地拥有一些支持他的亲朋好友，幸运地生活在一个社会保障机制完善的国家、一个充满爱与关怀的社区或学校，让他总能一次次渡过难关，我们也认为他展现了心理韧性。

所以，心理韧性不单是个人自有的能量，它也可以通过社会的支持获得。在支持性环境中互动的人们，不会永远脆弱，他们会在良性循环中变得自信、坚强，逐渐将心理韧性真正地内化。

在面对天灾侵袭时，无论是抗洪救灾，还是地震抢险，中国人民万众一心，众志成城。大的社会环境给了我们这些普通人战胜巨大困难的实力和底气，让我们在各种灾难面前表现出了更强的心理韧性。

莱布尼茨说："乐观是一种天然的理性范畴的认知方式。"虽然我们无法改变已经发生的苦难，但我们能够改变应对苦难的方式，这便是心理韧性的宗旨。

但抑郁会让我们忽视心理韧性的成长，让我们误以为现在跨不过去的坎永远都跨不过去。事实却并非如此。例如，我们刚学九九乘法口诀时会背不利索，还经常出现错误，但随着年龄的增长，乘法口诀早已烂熟于心。心理韧性的培养也是同样的道理。

拥有心理韧性不仅能让我们保持良好的心理状态，而且有助于我们走得更远，最终收获富足而充实的人生。

通过检视未来培养心理韧性

实施这个方法需要 3 个步骤。

第一步，写出对某一事件的负面假设链，也就是将可能发生的最坏结果一步步写下来，同时评估每个结果发生的概率。例如：

我和别人交流总是不顺畅

长此以往我会失去所有朋友（发生率：90%）

失去了所有朋友，我的生活将变得凄惨（发生率：90%）

生活凄惨会让我变得郁郁寡欢，我无法承受这一点（发生率：

90%）

……

第二步，计算最终可能性。将每种结果发生的概率相乘，我们会发现最坏的那个结果的发生率不断下降，事情朝着最糟糕的方向发展的可能性越来越低。

第三步，写出其他可能性。无须再评估其他结果具体的发生率，而是思考哪种结果更贴近现实。

这个方法让我们知道，最可怕的未来出现的概率很小，所以我们不必担心它。我们只需思考真实的未来会发生什么，并尽我们所能看到更多其他的可能，从而不断调整心态，培育心理韧性。

小结：不畏不逃，屡败屡战

人生最大的荣耀不是从来没有失败，而是每次失败后都能奋起。我们虽难以改变环境，却可以培养自己的心理韧性，以乐观积极的心态重获幸福感。

失败、挫折、困境本身没那么可怕，但关于它们的冗思却会一遍遍地摧残我们的心志。只有掌握了更好的方法来应对困难，我们才能真正地培育出有弹性、具韧性的应对方式，从而减弱抑郁的影响。

罗曼·罗兰曾说过："世界上只有一种真正的英雄主义，那就是在认清生活的真相后依然热爱生活。"生活的真相中有幸福、成功，也有苦楚、失败……我们要做的，就是勇敢地做出选择，坦然地面对成败。

解忧工具箱：心理韧性自助表

指导语：根据下面的表格进行检视未来练习，从而提高心理韧性。

检视未来		
写出最糟糕的结果并标记概率	计算最终可能性	写出其他的可能性

我的来访者这么做

检视未来（雷利的做法）		
写出最糟糕的结果并标记概率	计算最终可能性	写出其他的可能性
我的方案被甲方毙掉（90%） 老板因此对我心怀不满并把我开除（90%） 我因为失去了工作而穷困潦倒（90%）	90%×90%× 90%=72.9%	我的方案顺利被甲方采纳 我的老板可能会对我不满但不至于开除我 有更好的工作机会等待我去发掘

第 11 节

全 然 接 纳

承认、接受、改变。

当一个抑郁的母亲发现自己的孩子不开心时，她可能会责怪自己无能；当一个抑郁的员工没有得到老板的认可时，他可能会责备自己能力太差；当一个抑郁的学生考试失利时，他可能会认为自己糟糕透顶。

强烈的消极情绪容易使人产生"我是受害者"的消极认知，尤其是当陷入抑郁时，我们倾向于表现出内疚、自责，甚至自我怀疑、自我否定，幻想"如果糟糕的事情未发生，那么人生就会是另一番境遇"。

事情已经发生，怨天尤人和自责不已只能让我们错过当下，无法开启新的美好。

从现在开始，我们可以试试另一条截然不同的认知道路——无条件地全然接纳，让我们的内心和行为朝着更积极的方向发展。

无条件地全然接纳

无条件地全然接纳是放弃无效的控制和逃避，让事情以本来的面目自然而然地呈现。它要求我们以内在观察者的视角，回归当下，不评判、只观察。它意味着我们在身体上、思维上和情绪上接纳现实，意识到与其作斗争只会更加痛苦和抑郁。

无条件地全然接纳并不局限于对自己，还包含"无条件地接纳他人""无条件地接纳人生"。

接纳不是放弃努力，不是降低自我要求，不是向现实缴械投降，也不是原谅或宽容过往的伤害和不公平。接纳意味着我们在承认并能完全接受已经发生的客观现实的基础上，将注意力聚焦于制订计划，以使情境不再继续恶化，让改变发生。

拿自我接纳来说，我们可能不喜欢某些情境下自己的情绪或行为，但这是事实，是我们自身的一种表达。

接纳代表我们能充分感受和体验自己的情绪，但它不代表情绪会决定我们的行为。比如我今天不想上班，我承认这种感觉，我会充分地感受和体验它，同时我会带着这份意识和觉知，选择继续去好好工作，从而获得更多的身心自由。

在尝试自我接纳时，我们经常会遇到这种情况：道理都懂，但就是做不到。尤其是当遇到一些强烈的消极情绪，比如恐惧、愧疚、生气、焦虑等时，靠意志和理性来说服自己接纳它们是不可能的。在这种情况下，我们应该接纳自己的不接纳。如果非把"接纳"当作自我要求，那么反而会因做不到而导致新的压力。

还有一种情况是"有条件地接纳自我"。"有条件"意味着我们只在某些特定的情况下才会接纳自我，比如自己主导的某个重要项目获得成功时，得到了某位高级管理者的认可时，或者自己对社会作出了突出贡献时。这种带有附加条件的自我接纳不是真的接纳，因为在这些条件满足之前，我们一边要设法达成目标，一边还要为可能的失败而忧心。这样的接纳更像是一种惩罚，我们一旦无法满足这些条件，就会认定自己一无是处。《红楼梦》中说："事若求全何所乐！"好坏交替才是真实的人生写照。

我们可以选择用现实而成熟的思想、感情和行为去对待一切，去享受自己能享受的事情，毫无怨恨地接纳无法改变的事情，收获内心的富足，实现自我的成长。

接纳罪人但不接纳罪过

人是社会性动物，我们免不了要与他人打交道并和其中的一些人保持密切关系。无条件地接纳他人有助于我们与他人建立友好的关系，让我们的生活变得更丰富、更有趣。

有人的地方就有江湖，有江湖的地方就有恩怨。由于个性、想法、行为习惯、立场、信念、价值观等不同，人与人之间在相处过程中难免出现分歧、争议、误解，乃至欺骗、攻击等情况。

他人的言行举止有时会令我们不舒服或很受伤，有的人甚至会因为利益或感情纠葛而做出伤害我们的举动。这时候我们当然可以愤怒、失望，但一味沉溺在受害者角色中只会让我们痛苦，使一时的侵害成为持久的创伤。

面对恩怨，能释怀的就一笑了之；一时难以释怀的就慢慢来，并不断练习无条件地接纳他人。

无条件地接纳他人的前提是，认识到他人和他人的行为是两回事，即接纳罪人但不接纳罪过。我们可以用自己以及社会公认的标准评价他人的信念、情感和行为，但是不要去评价他人本身，也不要急着给他人贴上"坏人""恶人""无能者"的标签。

举个例子，我们明白偷窃、懒惰等行为是"坏的"，而与之相反的行为则是"好的"。如果一个人偷了东西，我们可以指责他这种行为"违法""不道德""不光彩""不应该"，但没有必要用"臭不要脸""看着就像贼""一看就不是什么好东西"等字眼去评价偷窃者本身。

虽然无条件地接纳他人无法消除愤怒、仇恨和攻击，但它能有效地帮助我们冷静下来，反思自身是否存在不当之处，也即对他人的所作所为多一分理智的、辩证的考量。我们可以思考，他人的行为是故意的还是一时失误造成的，说不定能帮助他们纠正错误，或者至少可以想出一个折中方案，以防他人给我们带来持续的伤害。

无条件地接纳他人不容易做到，尤其是当受害者是我们自己时。我们需要先接纳自身所受的伤害和影响，然后才能接纳他人。

接纳是一种人生的智慧与艺术，当我们真正学会欣赏和接纳他人的时候，整个世界也会欣赏并接纳我们。

让"好"自然而然发生

接纳是让改变发生的第一步。做到接纳，我们才能更容易找到解决问题的正确方法和路径。

接下来，请大家随我进行一个全然接纳的练习。

第一步：回想负性生活事件。

回想某个你生活中的负性生活事件，可以是目前发生在你身上的事，也可以是过去发生在你身上的事。

需要注意，一开始不要选择那些会引起极端消极情绪的事件，试着选择一个能引起中等程度的消极情绪的事件。

第二步：陈述导致负性生活事件的原因。

试着回忆并写下造成该负性生活事件发生的所有客观原因。当你写下事件的原因时，尽量不要去评判自己或责怪当时的情境。例如，你选择的负性生活事件是曾经在学校里考试挂科，先不要冒出"因为我很差劲""我是一个失败者"这样的念头。注意！这些都不是事实，而是你自己的主观判断。你只需要陈述发生的事实即可，无须评判是好是坏。这并不是否认曾经的失败或痛苦，而是找到一种方式促使我们从这一特定事件中走出来，不再因它而受伤。

第三步：接纳情绪和感受。

当你回想起这个负性生活事件时，你是否察觉到某些情绪在身体中涌起？也许你感到沮丧、愤怒、悲伤、羞愧……

不论是何种感觉，请对所有这些情绪体验保持开放态度，并觉察这些情绪诱发的躯体感觉。也许你会出现明显的躯体症状，比如手心出汗、心跳加速、呼吸急促、发热、头晕……也许你没有太大的躯体反应。无论你的感受如何，请试着完全接纳这种情绪和躯体感觉，并提醒自己，你无法改变已经发生过的事情。

如果这一步暂时有些困难，我们随时可以停下来，不必强求自己必须接纳。接纳是一个选项，不是一种强迫。这一步的阻碍可能是我们选择的接纳对象在此刻挑战仍然太大，因此我们可以从一些小的挑战着手练习。

第四步：制订积极的计划。

针对这种情境或其影响制订一个积极的解决方案并实施，直到这件事对你没有显著负面影响。具体的操作可以参考本节"我的来访者这么做"中雷利的案例。

为了更好地使用接纳技巧，使用全然接纳的应对语句来提醒自己往往很有帮助。下面是一些例句，你可以直接使用，也可以在空白行自创语句。

1. 这件事在此时此刻是这个结果。

2. 我无法改变已经发生的事情。

3. 纠结于过去会浪费我现在的时间。

4. 现在的情况仍有很多我能控制的部分。

5. 在我的经营下，当下可以变得更好。

6.＿＿＿＿＿＿＿＿＿＿＿＿＿＿＿＿＿＿＿＿＿＿＿

7.＿＿＿＿＿＿＿＿＿＿＿＿＿＿＿＿＿＿＿＿＿＿＿

小结：全然接纳，做生命的摆渡人

《庄子》中说："自事其心者，哀乐不易施乎前，知其不可奈何而安之若命，德之至也。"意即注重自我修养的人，悲哀和欢乐都不容易使他受到影响，知道世事艰难、无可奈何，却又能安之若命，处之泰然，这是道德修养的最高境界。

是人都会有不足，都会经历失望和悲痛，都会遇到困难和挫折，酸甜苦辣皆是人生。如果一些事情注定不可改变，那么我们不妨顺其自然、坦然接受，用智慧和包容换一份人生的舒适自在。

解忧工具箱：全然接纳自助表

指导语：根据前面提到的练习，完成下面的表格。

第一步： 回想负性生活事件	第二步： 陈述导致负性生活事件的原因	第三步： 接纳情绪和感受	第四步： 制订积极的计划

我的来访者这么做

（雷利的案例）

第一步：回想负性生活事件	第二步：陈述导致负性生活事件的原因	第三步：接纳情绪和感受	第四步：制订积极的计划
虽然我工作很努力，但我却怎么都达不到自己的预期，频频出问题，这让我很抑郁。我觉得无论自己怎么努力都会失败，我对未来感到非常焦虑和悲观	我无法立刻适应新的工作强度。以前在学校成绩优秀，现如今在职场却什么也做不好，过去和现在之间形成了巨大落差，并且我长期得不到正面反馈	我一想到这些事情就会感到抑郁、沮丧、绝望、恐惧。产生这些情绪非常合理，我试着完全接受这些感受，因为只有这样做，我才能从创伤中走出来，继续前进	我真的想要恢复自信，我想在做事时充满热情和希望，我想改变自己的生活。当再次遭遇挫折时，我会尽量从更现实、更理性的角度看待问题，分析失败的原因，不再轻易认定自己差劲、没用

第 12 节

福 流

以神遇而不以目视，
官知止而神欲行。

在这一节，我会尝试带领各位读者进行一场"换脑"实验。当然，这并非生理学上的"换脑"，而是心理学上的改变，即借助积极心理学来改变我们的情绪模式。希望大家通过本节的学习，都能掌握开启积极情绪模式的"钥匙"，并用它来打破抑郁循环，获得持续的幸福体验。

这把开启积极情绪模式的"钥匙"就是福流。

美国著名心理学家、积极心理学奠基人米哈里·希斯赞特米哈伊在 1975 年提出了"福流"（flow）这个概念。最初它有许多翻译，比如"心流""福乐""沉浸""神迷"等。后来，我国著名心理学家彭凯平教授将它翻译为"福流"，因为其音、意、神等都更接近英文"flow"，所以被广泛应用。

"福流"说白了就是最佳体验之流，它指一个人在做自己特别喜欢做的事情时进入的一种物我两忘、天人合一、酣畅淋漓的状态。

福流与金钱、权势、地位无关，任何人只要沉浸于手头的事情，就能体验到福流带来的快感。当我们因为做一件事情而感受到沉迷其中、欣喜若狂、如痴如醉、欢乐至极的心理时，说明福流来了，这是一种幸福的终极状态。

"福流"看上去是一个很陌生的西方心理学名词，但我们小时候可能读过有关福流的中国故事。可能大家都听过"游刃有余"这个成语，它指的是做事得心应手、很有把握。这个成语出自《庄子·养生主》，篇中记载了庖丁得心应手地完成解牛的过程，从心理学的角度看，故事描述了一名厨师在屠牛过程中体会到了澎湃的福流：

"庖丁为文惠君解牛，手之所触，肩之所倚，足之所履，膝之所踦，砉然向然，奏刀騞然，莫不中音。"

一个名叫丁的厨师为梁惠王宰牛。面对一头健壮的牛，庖丁集中起自己全部的注意力，观察牛的骨肉结构，当刀落下的时候，他调动自己全身的动作，完成解牛的过程。他手接触的地方，肩靠着的地方，脚踩着的地方，膝顶着的地方，都砉砉作响，全身各个部位配合得当，动作完美。庖丁每一次进刀解牛，牛的皮肉筋骨相离之声便随刀而响应，合乎音乐节奏，达到和谐美妙的效果。

庖丁的全神贯注和高超技术得到了梁惠王的盛赞，而庖丁也在回答屠牛心得时说了非常著名的一句话：

"臣以神遇而不以目视，官知止而神欲行。"

这句话的意思是说，庖丁在解牛之时，已经不是简单地用双眼观察牛的样子，而是全然投入，凭借精神和意识与牛接触。此时，他的感官的作用虽然停止了，但更高级的精神在活动着，达到了天人合一的状态。

如果从心理学的角度来看待庖丁的行为，那么我们就会发现，他的"神遇"其实就是一种发自内心的稳定能量，是对自己所热爱事物的一种全然投入的状态。

假如我们也能全身心投入自己热爱的活动，体会到那种"此时不知是何时，此身不知在何处"的感觉，那么我们也就进入了福流的状态。

生活处处有福流

庖丁解牛的故事蕴含了庄子"天道自然，养生全身"的哲学观，而在这种遵循事物规律、顺势而为的生活态度中，还包含了精神专注时的心灵体验。

沉浸于福流之中时，我们的自我意识、时间意识、空间意识会暂时消失，做起事来得心应手、异常流畅。因为我们此时不再去关注外界的评价，也不再担心最后的结果，只管享受此时此刻，事情完成后会有一种酣畅淋漓的快感。这是全然投入、精神专注带来的极致幸福体验，也是克制抑郁蔓延的心理良方。

其实，带给人福流体验的，往往不是那些很伟大或很重要的事，而是生活中的小事。也就是说，"小确幸"比"大事件"更容易引发我们的福流体验。

当我们完成一些小目标，得到让自己满意的结果时，往往会产生福流体验。例如，有的人喜欢摄影，他跋山涉水、风餐露宿，拍到了壮观的泰山日出，看着喷涌而出的朝霞和万丈红光，他会完全沉浸其中，达到"物我两忘"的状态，体验到极强的幸福感。

当我们全神贯注，沉浸于某件事中时，也往往会产生福流体验。例如，有的人喜欢电影，他会在电影院中观赏一部精彩的影片，沉浸在其中的人物和故事里，仿佛自己也置身其中，与主人公同悲同喜，全然忘记了现实的焦虑和烦恼。有的人喜欢运动，他抛掉紧张和担忧，绕着操场跑上15分钟，大汗淋漓、气喘吁吁，在运动过程中对自己身体的掌控能力不断提升，动作驾轻就熟，加之体内分泌让人愉悦的激素，同样产生福流体验。有的人喜欢音乐，在做枯燥乏味、消耗精力的工作时，如果此时耳机里传来优美动听、扣人心弦的旋律，这就会消解他内心对繁杂单调工作的抵触，进入一种如梦似幻的美妙状态。他的行动与意识完美结合，产生行云流水般的流畅感。

由此可见，只要我们沉浸其中，将自己喜欢做的事认真完成，便可以获得福流体验。而一旦感受到福流，我们的抑郁情绪便会开始消减，心情也会变得更加舒畅。

福流践行式

那么，我们该如何利用福流将抑郁情绪转变为正面情绪呢？下面，我列出了一些非常实用的小技巧，帮助我们从此刻开始告别抑郁情绪。

福流产生的要旨便是沉浸此刻。所以，当一个人想要用福流控制消极情绪时，一定要学会停下来，沉浸在一种享受当下的状态之中。

我们可以静静地感受大自然的平和，比如我们可以盯着窗外，看阳光洒落在绿叶上，微风拂过后，叶片上下翻转，反射着金色的阳光。再比如，我们可以对着空旷的山谷或一面墙壁大声喊叫，让自己沉浸其中。

倾诉和记录也是产生福流，从而化解消极情绪的方式。

只要一支笔、一张白纸，你就可以将危机、压力以及内心的感受以书写的形式呈现出来，福流会随着你的笔尖汩汩涌出，你也会像被打开了心门似的，变得心情舒畅，一身轻松。

在20世纪80年代，美国社会心理学家詹姆斯·彭尼贝克发明了一种通过写作克服抑郁情绪的方法，他称之为"表达性写作"疗法。和一般写作不同，"表达性写作"有以下几个特征：

在写作频次上，你要每天坚持写20分钟，至少持续4天；在写作题材上，你可以选一个你亲身经历过的主题来写，比如家庭危机给自己带来的压力。在这一过程中，错字、标点符号错、墨水污渍、一笔丑字……所有这些都不重要，只要写出来就行。同时，不要强迫自己，如果在某一时刻觉得某个主题令你太难过，那就暂停。

请记住，"表达性写作"写出来的东西是高度私人化的，你只写给自己看，不需要第二个读者，写完之后你甚至可以立即将其毁掉。写完后，你可能会感到有些悲伤或疲劳，不用担心，这种感觉往往在一两个小时后就会消失。

当然，除了利用福流控制消极情绪，我们还可以通过引发积极情绪来寻求福流体验，从而更好地塑造积极的大脑。而引发积极情绪的方法也极为简单，我们人人都可掌握，下面我将一一为你展示。

心理学研究发现，真诚的微笑能够引起积极情绪，而且感染作用非常强烈，我们常说"被一个温暖的微笑治愈了"，就是因为微笑激发了我们的积极情绪。

　　除了微笑，触摸法也有强化积极情绪的作用。当我们触摸可爱的小猫咪或者毛茸茸的玩偶时，会沉浸在柔软舒适的触感之中，从而产生快乐、愉悦的感觉。

　　婴儿在接受母亲的爱抚和亲吻时，能保持最安稳的状态。这是由于母亲的触摸激活了婴儿体验积极情绪的脑区。同理，两情相悦的成年人拥抱时，也能获得强烈的积极情绪体验。这是因为身体接触会让一种名为"催产素"的激素大量分泌，它能让我们的安全感提高，消极情绪减少，心血管的压力降低。

　　如果只有自己一人该怎么办呢？触摸法是不是就无用了呢？完全不会。当我们感觉很糟糕时，温柔地用双手环抱自己，做出传递爱与关切的姿势，这同样能让我们的消极情绪减少。

　　如果有他人在身边，我们觉得不方便做出这个姿势时，可以在脑海里想象一个拥抱，甚至想象是自己最爱的人给了我们一个拥抱。在想象完这个拥抱后，我们会感觉到温暖，体会到宁静。

　　我们可以每天多练习几次，好好去感受自我拥抱的状态，这样坚持一周下来，我们就能形成肌肉记忆。之后在任何有需要的时候，我们都可以充分利用这一简单举动帮助心情低落的自己。

现场练习

如果你对触摸的效用仍有怀疑，那么此刻我们不妨共同一试。让我们伸出自己的双手！仔细观察这双灵巧且有温度的手，然后试着左右手掌心相互碰撞。

此刻，手掌相互触碰，你是否感觉自己也一点一点地振奋起来？你是否感觉积极而快乐的情绪正满溢而出？

这是因为鼓掌这一动作往往在积极向上的情况下产生：当我们由衷地为他人感到高兴时，当我们表达敬佩与欣赏时，当我们真心实意地欢迎和祝福他人时……

在许许多多积极情绪诞生的时刻，鼓掌从不缺席。鼓掌能将善意与美好在人与人之间传递，让人沉浸此刻、福流顿生，甚至有"手都拍麻了"还不愿停止的感觉。从现在起，我们也可以把掌声送给自己。

小结：激发福流，不再抑郁

进入福流状态的方式多种多样，而且并不复杂。通过一个真实的微笑，一个结实的拥抱，一阵热烈的掌声，一次专注的体验，抑郁的影响力就会被削弱。

解忧工具箱：福流清单

指导语：回想8个生命中的福流时刻，完成下面的表格。

福流活动	福流程度（1~10分）	频率（单位：次/周或次/月等）	如何增加

我的来访者这么做

案例	福流活动	福流程度（1~10分）	频率（单位：次/周或次/月等）	如何增加
任雨	阅读	7	3次/月	邀请朋友一起去图书馆
罗平	与朋友聚会	9	1次/周	组建开展团体活动的微信群，定期开展活动。比如组建飞盘运动群，每周六下午举行一次飞盘活动
杜缊	旅游	10	1次/季度	假期和儿子或朋友去旅游。
雷利	摄影	6	10张/天	加入当地的摄影协会或俱乐部

第13节

物理疗法

科学在发展，

总会有新的希望。

"去医院看病，医生说我患了抑郁，开了一大堆药。但听说药有很多副作用，我可以不吃药吗？"

"做了1个月心理咨询，感觉没什么用，还有其他治疗抑郁的办法吗？"

"我真的不想活了，为什么在试过那么多方法之后我的抑郁还是没有好转？好难受啊，我该怎么办？"

…………

治疗抑郁并非易事，病痛的折磨乃至病情的反复，会让抑郁者在压抑和无助中痛苦挣扎，恨不得能立马结束一切。

那么，除了吃抗抑郁药以及看心理医生外，还有其他有效的治疗抑郁的方式吗？

答案是肯定的。为了更好地应对神经系统类疾病，近年来，科研人员一直在寻找并改进各种物理刺激脑部的新方法。在随机临床测试中，以下方法往往能在短时间内见效。

电休克治疗（ECT）

电休克治疗，也称电抽搐治疗、电痉挛治疗，它可能是目前最具争议的抑郁治疗方法。

大多数人在心理上较难接受这一疗法，他们认为它很危险，并且会让人很痛苦。但临床实践证明，对于难治性抑郁者或表现出高危行为的抑郁者来说，改良后的电休克治疗是一种安全有效的干预方式。

在今天的研究中，科学家发现抑郁与大脑前额叶皮层、前扣带回、海马体等脑区的异常有关，而电休克治疗就是通过改变这些脑区的新陈代谢活动来减轻抑郁症状。

具体治疗原理是让电流通过患者的大脑，诱发意识丧失和痉挛发作。在数次治疗之后，患者就能较为有效地控制思维紊乱的情况和不稳定的情绪。这有点类似我们在使用电脑时出现了卡顿、死机，通过关机后再重启，很多问题也就随之消失。

治疗前，医生会给患者使用麻醉剂和肌肉松弛剂，这样患者在接受电击时就不会有显著知觉，肌肉也不会剧烈抽搐。

电击的电流强度在人体可承受的安全阈值范围内，而且每次通电时间也是非常短的，只有零点几秒或1秒。因此该疗法是较为安全的疗法。我们印象里的关于该疗法的可怕场面，多来自不切实际的想象或影视剧的夸大渲染。

比起药物治疗，电休克治疗疗效迅速，通常一个疗程就能见效，一个疗程往往包括6～12次治疗，一般每隔一天实施一次。

但如同药物治疗无法避免副作用一样，电休克治疗也具有一定的副作用。电休克治疗刚发展起来时，治疗师会在患者的大脑两侧都通上电流，有时这会对患者的记忆力或其他学习能力造成严重影响。如今，治疗师在使用电休克治疗时通常只给患者的大脑右侧通电，因为大脑右侧与学习和记忆的关系较小。经过改良的电休克治疗的副作用已经相对较小了，一般仅限于记忆丧失、迷茫等，这些副作用通常会在一两个星期内得到改善。

虽然电休克治疗在消除抑郁方面极为有效，但治疗后的复发率却高达85%。研究表明，有必要将电休克治疗与抗抑郁药物或心理治疗相结合来进行后续治疗，否则复发率会很高。

值得注意的一点是，对于伴有幻觉妄想等精神问题的阳性症状，或者伴有轻生风险，进而需要住院治疗的抑郁者来说，花较长一段时间接受药物治疗或者心理治疗并不是最优选项，而应优先考虑进行电休克治疗。

重复经颅磁刺激（rTMS）

重复经颅磁刺激是在经颅磁刺激的基础上发展起来的，其原理是，电流通过线圈时产生脉冲磁场，脉冲磁场作用于大脑皮层，进而促进或抑制特定区域，改变皮层神经细胞的膜电位，使之产生感应电流，影响脑内代谢和神经电活动，从而引起一系列生理生化反应。

多数抑郁者的前额叶皮层的新陈代谢水平比较低，所以该方法会以左侧前额叶皮层为刺激靶点。

比起电休克治疗，重复经颅磁刺激的风险更低，副作用更小，通常只会引发轻微的头痛，服用阿司匹林就可以缓解。另外，抑郁者在治疗过程中可以保持清醒，而不用像接受电休克治疗时那样接受麻醉，因此可以避免可能的麻醉并发症。

迷走神经刺激

迷走神经刺激是又一颇具前景的重度抑郁治疗新方法。

迷走神经对心理健康有巨大影响。迷走神经也叫第十颅神经，是颅神经中最长、最复杂的一支，它负责将头、颈、胸、腹部的信息传递到多个脑区，包括下丘脑和杏仁核这两个与抑郁相关的区域。

使用迷走神经刺激这种方法时，医生需要在受治者左侧胸部的皮肤组织下植入一个类似起搏器的脉冲发生器，然后将其连接到一个刺激电极上，该电极位于颈部的迷走神经处。可依据个人数据调节刺激的强度、频率、脉冲和循环系数等参数。

研究显示，迷走神经刺激这种疗法可以增强下丘脑和杏仁核的活动，从而起到抗抑郁的效果。

脑深部电刺激

这是一种采用立体定位技术在脑内特定的靶点植入刺激电极进行高频电刺激，从而调节相应核团（脑区）兴奋性以达到治疗目的的神经外科微创手术方法。有点类似在大脑中放入"起搏器"。

人们起初是将脑深部电刺激用于癫痫、帕金森病的治疗，患者接受治疗后精神和行为发生了改变，这提示该疗法可以成为治疗抑郁症的方法。

最新研究发现，脑深部电刺激疗法对于难治性抑郁症有一定的疗效，其作用机制可能与突触可塑性、神经递质的调节有关。

光照疗法

光照不足会对一个人的情绪产生负面影响。由于光照的减少，有些人的生物钟可能会变得紊乱，出现像季节性情感障碍这样的问题。

季节性情感障碍是抑郁障碍的一种，患有该障碍的人对光照变化的反应比大多数人更强烈。因此，他们会在日照时间较短的冬季变得抑郁，在日照时间较长的夏季心境好转。

光照疗法被证明能有效驱散情绪上的阴霾。研究显示，在冬天，让抑郁者每日接受明亮光线的照射的做法可以明显缓解他们的抑郁问题。

一种理论认为，光照疗法可能是通过重新设定人的生理节奏而发挥作用，从而使抑郁个体体内的激素与神经递质的分泌趋于正常。

另一理论认为，光照疗法是通过抑制大脑中松果体分泌的褪黑素发挥作用的。褪黑素水平下降会使去甲肾上腺素和5-羟色胺的水平升高，从而缓解抑郁症状。

也有研究表明，暴露于明亮的光线或许可以直接提高5-羟色胺的水平，从而减少抑郁问题。

小结：装修、补货与创新，有关解忧的 3 个比喻

在为来访者做心理治疗时，我常将人的大脑比作一家餐厅。餐厅每天开门迎客，免不了会遇到一些挑剔、难搞甚至找碴儿的客人，抑郁问题就好像我们的"大脑餐厅"中的客人，而物理治疗、药物治疗和心理治疗则分别对应餐厅的装修、补货与创新。

物理治疗就像餐厅装修

物理治疗的基础多是改变大脑内的生化环境，这就好比关店装修，其间不接待客人，抑郁这位难搞的客人自然也就没办法进来了。当然，这家餐厅迟早还是要开门营业的，再开业时，抑郁这位客人可能会来也可能不会来。不来的话，万事大吉；再来的话，服务方面依旧无法满足这位客人的苛刻要求，问题就又会出现。

药物治疗就像餐厅补货

抗抑郁药物的作用是补充脑中不足的多巴胺、5-羟色胺、去甲肾上腺素等，对于一家餐厅而言，就等同于补货。拿快餐店举例，如果抑郁这位客人来店里点了份炸鸡，炸鸡却卖

完了，那么这位客人很可能会在餐厅里发难。此刻紧急调货，让想吃炸鸡的客人得到满足，餐厅就可以避免进一步的麻烦。

心理治疗就像餐厅创新

餐厅要持续赢利，一种既能满足老顾客又能吸引新顾客的方法就是不断推出新品。有了新的产品后，老顾客的满意度可能会提高，新顾客可能会觉得餐厅的吸引力变大了。这就是心理治疗为大脑带来的改变：通过改善认知和行为的固有模式，让抑郁这位客人耳目一新，不至于像以前那样发难。

面对抑郁这位客人，以上3种方法都是行之有效的处理方式。按照实际情况发挥它们的组合作用，不仅能使我们更容易应对抑郁情绪，还能使我们的"大脑餐厅"得到发展。

解忧工具箱：抑郁疗法记录表

指导语：请在下表中记录自己在康复过程中的种种尝试，以便审视疗效并总结经验。

治疗种类	审视疗效	总结经验
心理治疗	1.我接受了什么样的心理治疗？	
	2.我在心理治疗中学到了什么新方法？	
	3.我是如何践行这些方法的？	
药物治疗	1.我使用了哪些药物？	
	2.药物给我带来的帮助有哪些？	
	3.药物给我带来了哪些副作用？我会在下次复诊时和我的精神科医生讨论这些问题。	
物理治疗	1.我接受了哪些物理治疗？	
	2.它们给我带来的帮助有哪些？	
	3.它们暂未解决的问题有哪些？	
	4.我会尝试哪些新的方法来解决这些问题？	

我的来访者这么做

由于前面用作案例的 4 位来访者并未接受过物理治疗，这里我们邀请了接受过三种疗法的柯裹（出自第一章第 3 节，女，18 岁，高三学生，重度抑郁伴严重轻生倾向）进行分享。

治疗种类	审视疗效	总结经验
心理治疗	1. 我接受了什么样的心理治疗？	认知行为疗法。
	2. 我在心理治疗中学到了什么新方法？	我发现自己每次抑郁发作时都会呼吸过快，这导致了很多躯体症状的出现，并且加重了我对考试的非理性害怕心理。
	3. 我是如何践行这些方法的？	我会在每场考试前进行腹式呼吸。
药物治疗	1. 我使用了哪些药物？	以盐酸氟西汀为主的抗抑郁药。
	2. 药物给我带来的帮助有哪些？	情绪状态不会像之前那么低落。用药两个多月后，轻生的念头没那么强烈了。
	3. 药物给我带来了哪些副作用？我会在下次复诊时和我的精神科医生讨论这些问题。	刚使用的时候有些肠胃不适，大概两周左右好转。
物理治疗	1. 我接受了哪些物理治疗？	在抑郁最严重的时候我有很强烈的轻生念头，所以接受了一个月左右的住院治疗。刚住院的前两周，我接受了两天一次的电休克治疗。

续表

治疗种类	审视疗效	总结经验
物理治疗	2. 它们给我带来的帮助有哪些?	在轻生念头很强烈的时候，电休克治疗的帮助很大。在高频接受电休克治疗的那段时间，我离开这个世界的冲动减弱了。
	3. 它们暂未解决的问题有哪些?	复发。在接受电休克治疗时，轻生的念头少了。但没两天这个念头又会蹿回来。

第 14 节

预防复发

波动在所难免，

但复发已不再可怕。

预防复发是心理治疗的重要组成部分，一般会在抑郁等心理问题康复之后进行。

除了本章前面所介绍的十几种方法外，我们还可以用"新""评""分""识""笑"五字诀来辅助预防抑郁复发。

新视角，新改变

"用旧视角看待老问题，必然会带来老结果，让人进入老循环。"

"用新视角看待老问题，改变才有机会发生；用新方法解决老问题，新结果才有机会出现。"

这是我经常对初访者说的两句话，"新"是我重点强调的字眼。

因为无论是在想法方面还是在行为方面，旧的循环都会将我们重新拖入抑郁复发的陷阱。然而，当我们主动改变想法并尝试新行为时，哪怕只是姿势上的一个小小变化，也能有力打破抑郁的旧循环。

我经常向来访者举一个例子："试想抑郁又一次出现了，原先我们只会躺在床上不停地哭，现在我们下床去，从冰箱里拿出一个苹果，边啃边哭（偶尔我也会在治疗室中带着来访者就这么演绎起来）……这时候抑郁还会像原先那么严重吗？"这个例子一出，有的来访者甚至会忍不住笑出来。

在预防抑郁复发的过程中，我们要敢于考虑新的想法，勇于尝试新的活动。但凡是抑郁时不会做、不想做的事情，我们都可以在抵御复发的过程中安排起来。

当遇到反弹过大的情况时，只需把我们在床上躺着的姿势换成"大"字形，就可以刺激迷走神经，进而遏制抑郁的蔓延。

定期评估，检查情况

防止复发最好的方法之一是定期（每几周或每几个月一

次）检查自己的情况，尤其是在我们感觉消沉、沮丧、紧张或害怕时。

我们可以简单地重新评估自己的抑郁程度（从 0~10 分打分），以及因抑郁而产生的消极或回避行为的程度（从 0~10 分打分），还可以记录日常进行冗思所花费的时间。

区分波动与复发

很多人会将"抑郁复发三次就得终身吃药"理解为"抑郁复发三次就等于终身不治"，从而过度害怕复发。

实际上，健康状况本身就是动态的，没有绝对抑郁或绝对不抑郁可言。作为普通人，我们都会体验到情绪的波动。

与其将这些波动看作复发的前兆，我们不妨把它们看作自我锻炼的机会，识别是哪里出了问题，思考应该如何改善，然后计划如何应对未来类似的情境。

例如，当你又一次因为别人的一句批评陷入冗思，怀疑自己很糟糕时，你察觉到自己的想法正在朝不好的方向发展，你可以尝试之前用过的方法，比如用认知解离来告诉自己这不是事实，自己只是产生了"我很糟糕"的想法，从而及时阻止自己陷入冗思。这就是一次识别波动并建立解决方案的最佳时机。

识别高风险情境

负性生活事件、消极的想法必然会出现在我们的生命中，因此为了预防抑郁复发，我们需要对这一事实保持理性的认知并提前制订应对计划。

首先，识别高风险情境是预防复发的重要组成部分。当知道哪些情境存在触发波动的风险时，我们就可以提前制订应对计划，届时就不会措手不及。

当处于应激状态时，我们的情绪发生波动的概率会显著增加。例如，亲人离世、亲密关系破裂、工作压力大、经济负担加重……在这些情况下情绪出现波动是再正常不过的事。

同时，积极生活事件，比如结婚生子，或升职、加薪等，也会让人产生压力。任何能引起我们过激反应的事件都有可能是高风险情境。当我们处于高风险情境中时，抑郁更可能卷土重来，我们要为此做好准备。

我们要提醒自己从容一些，不必立刻仓皇面对，同时要尽可能运用并强化本书中的练习或在心理治疗过程中习得的方法，这会帮助我们顺利度过可能的危险期。

在心理治疗中，我会不断地向来访者说明：抑郁康复的过程并不是一条一直上升的直线，它会有升降起落，但整体趋势是向上发展的。

真诚的微笑是天然免疫力

微笑可以促进人与人之间的交流。

真诚且富有感染力的微笑被称为迪香式微笑。但很多时候，出于职业要求、礼貌等原因，我们不得不假装微笑。但装出来的微笑往往不是迪香式微笑，人在进行非迪香式微笑时一般只有嘴角肌肉和颧大肌上提，但眼角不会收缩。因此，非迪香式微笑是"皮笑眼不笑"。

加州大学伯克利分校的研究者对该分校附近的女子学院的毕业照进行了分析。研究对象共包括 114 名女性，均毕业于 1960 年。其中，60 多人没有笑或者假笑，50 多人露出了迪香式微笑。当 30 年后回访当时的研究对象时，研究者意外地发现，露出了迪香式微笑的女性在 30 年后结婚的比例更高、离婚的比例更低，她们自我评估的幸福指数也更高。

所以我经常和我的来访者们分享，没事少看那些关于星座和算命的内容，多看看自己的照片，是笑的时候多还是哭丧着脸的时候多。

如果你想知道自己的人生走势是怎样的，看照片比看运势来得更准确。

预防抑郁也可以从多露出迪香式微笑开始。这样一方面可以让自己多一些积极体验，另一方面可以使我们与他人的相处变得更加轻松和谐，因为强烈的人际冲突经常容易引发抑郁。

让我分享一个来自《怪诞行为学》这本书的有趣实验：实验者把钱包丢在英国伦敦和美国纽约的大街上，看看这个钱包能不能被送回来。一般情况下，这个钱包被送回来的概率只有52%。但是如果在钱包里装一张名片，那么钱包被送回来的概率会提高8%；如果装一对老夫妇的照片，那么概率会提高11%；如果装一张宠物照片，那么概率会提高19%；如果装一张全家都在笑的照片，那么概率会提高21%；如果装一张婴儿微笑的照片，那么概率会提高35%，达到87%。

由此我们看到，一张微笑的脸十分有感染力，会使人拥有幸福的体验。我们可以利用这种幸福的外显形式，获取积极情绪的力量，来对抗抑郁的侵袭。

小结：波动不可避免，复发并非必然

抑郁是慢性的、易复发的，也就是说抑郁的波动是不可避免的。

通过对早期波动征兆的识别和及时治疗，我们可以预防抑郁的全面复发，或者降低复发的严重程度、缩短复发的时长。

当发现波动的征兆或面临高危的情境时，我们可以用本书所提供的方法和本节强调的"新""评""分""识""笑"五字诀来防止复发。

如果真的复发了，你可能会感到挫败、崩溃，甚至绝望，但请不要害怕和怀疑，不必把复发与否视为我们是否成功战胜抑郁的标准。我们更应该关注的一点是，我们曾经历抑郁的侵扰，也曾从抑郁中走出。这次，也不会例外。

解忧工具箱：预防复发记录表

指导语：在下表中记录我们为预防复发所做的种种努力。

预防复发 五字诀	指导思路	具体实践
"新"	1. 最近都有哪些有趣的新想法？	
	2. 最近计划尝试哪些从未做过或很久没做的事？	

预防复发 五字诀	指导思路	具体实践
"评"	1. 写下自己上周的主要情绪并为其打分。（0~10分）	
	2. 我还能做哪些事情来改变自己的情绪评分？	
"分"	1. 近期的情绪波动表现有哪些？	
	2. 我是如何识别并解决它们的？	
"识"	1. 我的高风险时刻有哪些？	
	2. 我将为这些高风险时刻采取怎样的预防措施？	
"笑"	1. 记录最近的微笑时刻。	
	2. 我们可以通过哪些途径看到迪香式微笑？	
	3. 请在家中显眼处摆放一些迪香式微笑的照片，你打算如何布置？	

我的来访者这么做

预防复发 五字诀	指导思路	具体实践
"新" （柯襄）	1.最近都有哪些有趣的新想法？	我和朋友都没有做出高考数学的压轴题。朋友很沮丧，我心态比她好，我觉得自己可以安慰安慰她。
	2.最近计划尝试哪些从未做过或很久没做的事？	我一直想学编曲，但是之前学业太紧张了。
"评" （杜缊）	1.写下自己上周的主要情绪并为其打分。(0~10分）	我担心孩子的期末考试成绩。（6分）
	2.我还能做哪些事情来改变自己的情绪评分？	运用认知重塑来找证据，孩子也不是第一次考试了，他能解决期末考试的问题。
"分" （任雨）	1.近期的情绪波动表现有哪些？	有时还是会感到心情很低落，但我知道这是正常的。
	2.我是如何识别并解决它们的？	相比于之前害怕自己情绪不好，现在我不会在它们身上花太多精力。相反我会试着在家里调配一些新奇口味的奶茶来刺激我的味蕾，或看看最近有没有什么好玩的手工艺品。
"识" （罗平）	1.我的高风险时刻有哪些？	看到朋友心情不好的时候，我还是会习惯性地认为与我有关。
	2.我将为这些高风险时刻采取怎样的预防措施？	进行注意力训练来帮助自己将关注点从思考的旋涡里拽出来，进而投入现实世界。

续表

预防复发 五字诀	指导思路	具体实践
"笑" （雷利）	1. 记录最近的微笑时刻。	最近和妻子出去旅行，拍了很多微笑的照片。
	2. 我们可以通过哪些途径看到迪香式微笑？	我和妻子相互分享了很多有趣的图文和短视频，里面有很多迪香式微笑，看完之后我们的心情也变得更好了。
	3. 请在家中显眼处摆放一些迪香式微笑的照片，你打算如何布置？	我们将两人的很多合影挂在了家里显眼的位置。我也在工位的显眼处摆放了我们最满意的一张合影，照片中的我们都笑得很开心。这些照片给了我很多鼓励。

如果你已经坚持看到这里，那么或许你已经逐渐看到，来访者们已不再选择之前效果不佳的应对方式（压抑、暴饮暴食、烟酒成瘾等）来处理自己的抑郁情绪。

相反，他们通过一些科学的方法让自己的认知变得更加灵活（认知重塑、认知解离和元认知），有时会放慢自己的脚步（放松和正念），有时会把冗思替换成正向心理状态（如自我关怀、心理韧性、全然接纳、福流）。他们无一例外地建构和拓展了崭新的主观世界，与客观世界也融合得更好了。

抑郁那只黑狗已不再是一只庞然大物，而是成为他们目前世界里一个小小的组成部分。如果我们愿意，在任何时间，都可以抱抱那只与我们一同在这个世界里游荡的黑狗。

第 3 章

亲友的力量

作为抑郁者的亲朋好友，我们需要在尊重他们的基础上逐步理解他们的心理状态，进而为其提供有效的支持。

如何正确面对抑郁发作？

如何给予正向的回应？

如何营造良好的家庭氛围？

…………

诸如此类的问题是本章讨论的重点。

第1节

有效帮助

当亲友在我们面前哭泣……

如果亲朋好友正在遭受重度抑郁的折磨，那么我们该怎么做？

可能有人会劝他们大哭一场来发泄情绪，有人会鼓励他们努力坚持下去，有人会劝他们别想那么多……

以上看似常规的做法其实都不太有效。

怡宁在抑郁发作时，她的外婆正好在身边。

老人家不懂什么是抑郁，看到外孙女整个人蔫了下来，便盲目地开始鼓励她，给她加油打气，说她是最棒、最优秀的。

结果，怡宁的情况不仅没得到改善，她甚至不敢随便寻求帮助了！

她想让外婆知道自己很坚强、可以撑下去，于是她每天咬牙忍受着抑郁带来的折磨，不敢让任何人看到自己脆弱的一面，结果差一点就选择了一条不归路。

很多时候，我们自以为是在安慰、帮助亲朋好友，却因为不了解抑郁的特性帮了倒忙。

抑郁者往往害怕让自己的亲朋好友失望，他们担心没有办法回应亲朋好友对他们的关爱。所以，脱离科学指导的关爱容易演变为压力和负担，让抑郁者感到不被尊重、不被理解、无人依靠。

如果我们不能科学地理解抑郁，那么我们提供的往往是无效帮助，甚至还会带来更多的伤害。科学的关爱配合有效的医学指导，才是真正有益的做法。

让帮助更有效

共情式对话

共情式对话是指描述抑郁者当下的状态及感受，以一种共情的方式与其对话。

比如当他们说"我太累了"时，我们可以说："好，那我们回家吧，我给你做好吃的，然后聊聊你今天的经历好不好？"当他们说"我可能要找个医生看看"时，我们可以说：

"如果这样能帮到你的话，那么我就陪你一起去吧！"当他们说"压力很大，很迷茫，真不知道该怎么办"时，我们可以说："这段时间确实辛苦你了。但你不是孤身一人，如果有什么我能为你做的，请务必告诉我，好吗？"

因为抑郁者在抑郁发作时，没有办法坚定地相信只要努力就可以战胜抑郁，此时选择和他们站在一起，试着在尊重他们的基础上体会他们的感受，才是值得推荐的做法。

接受抑郁

否认抑郁或者轻视抑郁的影响，盲目寻找病因，都会导致更多痛苦和不幸。

有很多家长在得知孩子抑郁时经常会试图找病因：是不是自己的教养方式不对？是不是孩子被同学欺负了？……仿佛找到了源头，孩子的抑郁问题就会迎刃而解。

重度抑郁本身是一种慢性的、易复发的脑部疾病，我们需要接受这个现实。当患者抑郁时，难免会有强烈的情绪起伏、冲动的行为，甚至轻生的念头，这些都是我们需要接受的现实。

但接受现实并不是意味着放弃，而是意味着我们需要尝试用全新的、更为科学的行动来改变现状。

培养全方面的兴趣

很多人在得知身边的人被抑郁影响后，往往会过分关注抑郁本身，而忽略了多彩的真实世界。为了克服这一点，下面的做法可供参考：

第一步：充分参与。

对他们感兴趣的事情或者可能会引起他们兴趣的事情，尽可能在尊重抑郁者习惯的基础上充分参与。

例如，在孩子玩游戏时，家长安静地坐在旁边不加评判，就是一种充分参与。

这个看起来有些不可思议的举动却在临床中取得了巨大的成效，一个很简单的原因在于，这打破了孩子抑郁时在脑中的假设。

在原先抑郁设置好的剧本里，父母平时都是以说教和评判为主，他们很少对孩子当下正在进行的活动表示关心和好奇。但如果父母一改往日的说教和评判，孩子就更有可能把父母看作自己的盟友，这就为接下来的良性互动奠定了基础。

第二步：不要分心。

延续上面的例子，如果家长静坐在孩子旁边玩手机，那么这就是分心了。此刻，你虽然人在孩子身边，心却不在孩子身边。

因此，要全身心地参与，就要对他们感兴趣的事情感到好奇，让他们感受到我们对他们的一切都有兴趣。此外，我们还要让他们感受到我们对更广阔的世界感兴趣，想要带着他们一起去探索整个世界。

第三步：真诚表达。

当我们的认知和抑郁者不在一个频道时，我们需要真诚地面对他们，切忌不懂装懂。

当我们没有理解他们在抑郁情况下所说的内容时，我们要主动地、真诚地告诉他们："我对你所说的事情很有兴趣，但是我没有很好地理解刚才你表达的意思，能不能换一种方式再跟我说一下？我很想理解透彻你想要表达的内容。"

主动寻求专业帮助

如果我们不接受科学的心理指导，对抑郁一无所知，却想帮助心爱之人摆脱困扰，那么这几乎是不可能成功的。

一方面，我们可以主动去学习相关知识，以便了解抑郁到底会让患者的大脑进行怎样的思考，以及什么样的沟通方式和氛围有助于缓解抑郁的影响。

另一方面，我们需要配合医生进行治疗，共同组成一个治疗联盟。治疗联盟里一般包括抑郁者、心理医生、精神科医生、家属或朋友等。

面对自伤与轻生的建议

如果我们有亲朋好友因为抑郁而进行了自我伤害，那么我们可以做些什么呢？

美国抑郁症和双相障碍支持联盟是一个由抑郁个体发起并管理的倡议组织，他们在《轻生和抑郁》中给出了以下11条建议：

1. 认真对待他

大多数实施过自伤行为的人，都会在行动之前与朋友或家人交流他们的轻生意图。大多数表达自我伤害想法的人是不会真正轻生的，但其任何关于自我伤害的想法、言语和行为都值得我们认真对待，我们要抓住机会阻止惨剧的发生。

2. 获取帮助

打电话给他的心理治疗师、主治医生或任何他信赖的人。此外，我们还可以拨打危机干预热线，或者求助其他专业的心理健康组织。

3. 表达关切

告诉这个人为什么你认为他有自我伤害倾向，同时表现出对他的关心。这种表达关切的做法会让对方体会到被人关心的感觉。

4.给予关注

仔细倾听，保持目光接触，用身体语言来表明你正在关注着他所说的一切。这个过程能让他知道自己并不孤独、无助，我们愿意关注他、倾听他。

5.直接询问这个人是否有轻生的念头

如果发现他可能有轻生的念头，那么就直接问他。

冲动型的轻生者往往不会有相关计划，轻生的冲动也会随着一些激惹事件的消失或他人的关心而减弱，从而停止原先的轻生行为。

有了翔实计划的抑郁者将有较大的概率去实践这些计划，你更需要与其开诚布公地讨论。在讨论过程中，你需要耐心地倾听，缓解轻生者的病耻感、孤立感。

即使在适当的时机轻生，这也具有长久的消极影响和极高的传染性，因为与轻生者关系最亲密的人往往会在轻生者离世后的3个月内出现轻生的行为。在多数轻生者原先的计划中，离开这个世界是为了减轻亲人的负担，但事实却和他们的计划并不相符。

80%的轻生未遂者会庆幸他们还活着，对施救者心怀感激，以及对当时轻生的决定感到迷惑。

6.认可这个人的感受而不加评判

我们可以说，"我知道你现在真的很糟糕，但是我想陪你一起熬过去"或者"虽然我还没有完全理解你的感受，但我想要帮助你"。这些话不带任何评判，但是认可了抑郁者的感受，这在一定程度上也能降低抑郁带来的无助感。

7. 安慰这个人情况会好转

我们需要不断地向抑郁者强调，所有的问题都是暂时的，自我伤害和轻生是一个不可逆的解决方案。

8. 不承诺保密

当我们知道抑郁者有轻生的想法或行为后，我们需要主动联系精神心理领域的专业人士，准确告诉他们即将或正在发生的自伤行为，并寻求专业的帮助。

9. 确保抑郁者无法获取任何会伤害到自己的物品

我们需要对出现轻生倾向的人严格管控，收起所有能让他们自伤的器具，阻断他们轻生的所有途径。如果对方想要割腕，就收起家里所有的刀具；如果对方有吞药的想法，就每天定时定量给予抗抑郁药，一定不能让有轻生倾向的抑郁者自己用药。

10. 尽量不要让重度抑郁者独处，直到把他交给专业人士

如果让重度抑郁者独处，那么他可能随时会有轻生的行为。交给专业人士之后，我们可以继续跟进，以表示对他的关心。

11. 请记得照顾好自己

无论是谁，参与阻止轻生行为都不是一件容易的事情。当我们感到疲惫、无助、愤怒、自责，甚至恐惧、绝望时，别忘了从自己信任的人那里获得建议和支持，或者寻求专业人士的帮助。

小结：为爱的人提供支持时，别忘了自己

为了抑郁的亲朋好友能早日康复，我们提供关怀与帮助是非常重要的，但照顾他们也可能使我们自己精疲力竭。

正如我们所帮助的人值得我们关爱一样，我们自己也值得最好的关爱。当我们有点累的时候，别忘了给自己一个自我关怀式的微笑，或者求助于能为我们提供关怀与支持的人。照顾自己并不是一件自私的事，因为只有照顾好自己，我们才能获得长期面对压力和挑战的力量。

第 2 节

做好减法

做加法是本能，

做减法是智慧。

薛季（化名）爸爸在发现儿子抑郁后变得格外紧张，恨不得每时每刻都关注孩子的状态。他每天追着薛季问得最多的几句话就是：

"你现在感觉怎么样？"

"今天情绪还好吗？"

"要不要爸爸替你做些什么？"

面对这些问题，薛季有些无奈，一方面他不知道该如何回答，另一方面他也不知道该如何应对爸爸的过度关心。

这位爸爸越是无法得到准确回应就越着急。薛季也越发不想走出房门，只想一个人在床上静静地躺着。

在为粤港澳大湾区的数家临床心理科提供心理治疗及督导服务时，我惊讶地发现，儿童、青少年前来看诊的比例高达50%。这些家庭每天都充斥着焦虑、担忧——家长想为孩子做更多，却不得其法。

缺乏科学指导的关心，往往起不到安慰效果，还会为抑郁者的康复平添阻碍。所以每次为儿童、青少年看诊时，我都会和家长强调："多做容易多错，面对抑郁，减法优于加法。"

减掉过多的"我为你好"

"每个人都会有压力，没有人可以随心所欲地活着。"

"我必须去赚钱，家里需要我做顶梁柱，这些都是我的责任。而你现在的责任就是尽早康复。"

"别人想让我说他两句我都不会说的，但作为你的爸爸，我觉得我有必要督促你，你需要做对你好的事情。"

…………

"我知道我爸说得有道理，他也是为我好，但我已经听他念叨好几年了。"曹宇（化名）耷拉着脑袋复述着爸爸发给他的文字信息，然后止不住叹气，"我心里面门儿清，但是他总是重复这些话，他的做法让我感到窒息和无助。"

曹宇在确诊抑郁后得到了太多来自家人的"善意关怀"。他理解自己爸妈的出发点是好的，但这些话说出来后却会直接刺激他脑中的"抑郁神经"。对曹宇来说，说教式的沟通没有起到任何帮助，反而会加重他的抑郁。

临床心理学家弗兰克·达提里奥教授的研究发现，西方文化背景下的抑郁者往往呈现出"晨重晚轻"的表现，但有些东方文化背景下的抑郁者却会出现一些截然相反的情况。由于对家庭及集体文化的重视，很多东方文化背景下的抑郁者会在晚上经历较为严重的抑郁发作，而且多数时候是在晚上的家庭聚会之后发作[①]。

经常在家庭教育中进行说教的父母，虽然想表达的是自己苦口婆心的一面，但他们给孩子留下的往往是一种专制的、高压的印象。此刻，孩子眼里的父母想严格要求和控制自己的人生，孩子会感到自己的自主性被忽视或被剥夺。面对这样的情况，孩子会本能地想要挣脱这种专制的枷锁。如果在这个过程中屡屡碰壁，则会强化孩子的无助感，加重抑郁的影响。

心理学家麦克比的教养方式研究发现，一个健康的教养模式离不开父母必要的指导，但父母的指导的副作用则需要

---

① 出自弗兰克·达提里奥的《夫妻和家庭的认知行为疗法》（暂定名），本书由作者的团队负责翻译。

通过倾听孩子的反馈来中和。

"权威—互惠型"教养方式是当代心理学所倡导的可以给孩子更多安全感的教养方式。这种教养方式一方面要求父母对孩子好，父母对孩子提出要求并希望孩子能遵守适当的行为规范；另一方面要求父母表达自己对孩子的尊重，对孩子的需求给予回应，通过孩子的反馈调整原先不当的表达方式。这会使得原先因为提要求而累积的抑郁情绪得到一个释放的渠道，同时也保持交流渠道的畅通，并进一步培养孩子表达自己和调节自己的能力。

简单来说，想为正被抑郁侵扰的孩子做点好事没问题，问题在于过高的频率和过多的话语，这些是要及时调整的。一次尽量只提一个要求，并观察孩子的反应，鼓励孩子提出他对这个要求的看法，大胆和孩子对一个可灵活变通的要求"讨价还价"。

比如在曹宇的案例中，他的爸爸和他的交流可以这么做减法：

曹宇爸爸："作为你的爸爸，我觉得自己有必要督促你，做对你好的事情，不过在我想为你做更多之前，让我知道你怎么看我的这个想法。"

减去过度的"做得更多"

"这真的很神奇！"程一（化名）的妈妈兴奋地看着我说道，"我只是按你说的每天坐在打游戏的孩子身边5分钟到10分钟，我们的关系就变好了很多！"

"这真的是个好消息，能告诉我更多细节和孩子的反馈吗？"

"孩子说，我原来看到他在打游戏时除了批评他就是嘘寒问暖，现在竟然能静静地坐着看他玩游戏还不急眼。有时我还会好奇地问他与游戏相关的问题，他也会回答我，他说我和之前好像变了一个人似的。"

"这是一个好的变化，就像我之前和你说的那样，一旦我们减去之前的无效行为，孩子大脑中的抑郁指挥官就会被我们打个措手不及。它预料不到我们接下来会怎么出招，自然也就不知道该怎么让孩子来对抗家长了。"

"是的是的，"程一妈妈不住地点头，"而且孩子在看到我们的变化后也同意接受专业帮助了。这几年来我们都不再抱有希望的事情，现在终于出现转机了！"

之前程一的妈妈会因为看着孩子陷入抑郁而干着急，为了让孩子接受专业帮助，她就不停地絮叨，她又怕孩子为抑郁所伤而来回折腾，结果带来的是更多的对立和抵抗。她每天捣鼓着怎么才能做得更多来帮助孩子，结果最后缓和亲子关系的明智做法却是"做得更少"。

当家长想要做得更多时，他们和孩子之间可能会出现更多的矛盾冲突，比如问东问西的行为好像在提醒孩子他们没能力照顾自己，或者某些带有评判色彩的语句可能会刺激到孩子。相反，当我们做得更少却做得更恰当，甚至当我们能体验那些孩子关注的事情时，孩子才会因为我们而拥有更多治疗抑郁的勇气。

做得更少时，我们表现出了如正念一般的专注、珍视，我们主动选择植根于过程而非结果，这带来的不仅是一场快乐的享受，还包括诸多积极的思考。

想象我们在品味一杯美味的咖啡、聆听一首优美的乐曲或观看一场精彩的电影时的状态，我们会有很多美妙的体验，我们可能还会为了将这些美妙的体验分享给更多的人而进行积极的思考。抑郁者的家长也可以将这一点用于亲子关系，以帮助孩子对抗抑郁。

心理学家赫尔利和约瑟等人在 2012 年的系列研究中发现，当我们能留出时间去品味亲子生活中的种种体验（就像程一妈妈所做的那样），不仅可以有效减轻抑郁症状和减少消极情绪，还能让亲子关系变得更亲密、更和谐。正因为如此，一个能陪着孩子共同品味人生种种悲喜的上铺"兄弟"或者一起吐槽生活离奇的"闺密"，他们能做的未必比家人更多，但效果常常更好。

减少包袱，轻松上路

在"做好减法"的临床实践中，我得到了以下几条反馈：

抑郁的恢复自有其进度，优质的陪伴或许更有帮助。

这个进度可能不会按照我们的想法来。如果你现在对孩子的抑郁康复进度有特别的期待，那么你需要将它放慢很多。但是，最好请专业人士来把握进度。

如果真的要做什么，如程一案例中所提到的沉默或好奇的陪伴者角色会比评判者角色要好得多。

如果非得施加惩罚，那么最好提前商量好。

在轻松氛围中的互动性惩罚才是有效的。例如，大家商量好，玩游戏输了的人要做几个俯卧撑或者深蹲，而不要强迫孩子接受他不喜欢的惩罚。

康复训练的目标要恰当。

之前我接诊过一个少儿的抑郁案例，孩子的爸爸着急地对孩子说："如果你能在 3 个月内战胜抑郁，那么我就给你 3 万块钱！"结果是孩子变得越发地纠结和担忧，这反而阻碍了他的康复进程。

不要自己随意设定康复训练的目标，专业人士提供的建议和设定的目标往往更符合抑郁的客观发展规律，家长做好配合即可。

在尊重的前提下，激发主动性。

家长要做的不是逼着孩子懂得生活的美好，而是自己先做好或者陪着孩子共同发现美好。感受到良好的氛围后，激发孩子的好奇心，进而影响他们感知幸福的能力。

可爱胜过优秀。

在我接诊的案例中，我见到了很多优秀的人：有时候是患者家长优秀，他们或坐拥数亿身家，或为社会作出过杰出贡献；有时候是患者本人优秀，他们或年少有为拿奖无数，或出身名校前途无量。但当人们面对抑郁时，世俗意义上的优秀或成功常常会因为"注意偏差"而被忽视。

但可爱能够打破"注意偏差"的诅咒，进而出现很多出其不意的疗愈时刻：

在女儿陈述自己糟糕的一天时送上一份鼓励的红包；

在儿子因为考试失利而沮丧时不盲目加油打气，而是邀请他共同聊聊自己当年在学校里遇到的各种糗事；

…………

优秀的人容易得到赞美，而可爱的人更容易收获爱的回应。

小结：减得越科学，疗效越持久

如果我们按照科学的心理学方法去做减法，那么可能会出现以下效果：

1.减轻和缓解抑郁。当我们做更多的减法时，孩子的大脑也会跟着慢下来，再配合有效的学习，就更容易实现抑郁的缓解。

2.恢复正常的心理和社会功能。当我们做了足够的减法后，留给孩子做出改变的空间就会变多。孩子的大脑自有一套运转模式，在排除不必要的噪声后，专注于生活本身的功能才有机会重新上线。

3.预防复发的同时矫正继发后果。减少原先过度的关心和问询，能有效避免传递自己的消极情绪。这一方面减少了原先由于做得太多而徒增的高危复发情形，另一方面也给予了孩子自己康复的空间，使得专业人士进行的干预能产生更大的正向作用。

当家长们能更好地减轻孩子的认知负担，并减少自己无效的行为时，他们就可以更顺畅地与孩子交流，也可以让康复的效果产生更为持久的影响。

第3节

积极氛围

我们没有想象中那么糟，

我们可能比想象中还要好。

"生个叉烧好过生你！"

这是我在南方做家庭治疗时听过的印象最深的一句话。这句生气时脱口而出的口头禅，直接反映了绝大多数寻求心理治疗的抑郁家庭所处的状态：痛苦、无助，被满满的负面想法和消极情绪包围，家庭成员之间变得对立，空气中弥漫着剑拔弩张的气息。

面对这种幸福感严重缺失的来访家庭，单纯解决情绪问题已经无法满足他们的真实需求，以整个家庭作为治疗对象，让他们发现自身的美德及优势，才能使家庭成员之间和睦相处，从而有助于抑郁者康复。对此，积极认知行为疗法总是颇具成效。本文将介绍3项通用的积极认知行为疗法练习。

积极的客观评价

这是积极认知行为疗法中常用的治疗手段之一。比如我会在伴侣或家庭治疗中让伴侣或家庭成员互相给对方打分，并说出原因。但有别于传统的抱怨式的痛苦评分，即从 -10~0 分评估，我更喜欢让他们从 0~10 分打分，这让评分过程变得积极。

伴侣之间，或父母与孩子之间一开始的评分或许不会很高，但无一例外的是，没有人会给对方打 0 分或者负分，这说明双方在彼此心中并非一无是处。当然了，叉烧是无法取代孩子在父母心中的地位的。

在积极的客观评价之后，我们不难发现，原先我们误以为很糟糕的伴侣或家庭成员其实并没有那么糟糕，在一一列举给他们评正分的原因后，我们甚至会发现他们有很多我们原先未能察觉到的优点，比如丈夫虽有些偷懒却能勇于承担很多养家的责任，孩子虽然调皮却极富创造力，父亲很固执却很有毅力等。

所以，我的来访者在接受积极认知行为疗法后，往往很容易得出一个结论：我们没有想象中那么糟，我们可能比想象中还要好。

正向的认知调整

积极认知对于增强幸福感和营造良好的家庭氛围十分重要。在临床中，我看到许多被负面认知折磨的来访者，某些来访者甚至还有物质成瘾的共病问题。整个家庭仿佛都被"糟糕至极"等不合理信念支配：

"碰了这玩意你一辈子就毁了啊！"

"沾上它你就啥都做不成了！"

…………

类似的消极话语不绝于耳。

关注不到个体的优势，而是被抑郁、成瘾等问题遮蔽双眼，这非但不会使我们的问题得到解决，反而会造成破堤效应[1]，导致来访者破罐子破摔，再难康复。

因此，在面对这样的家庭时，我通常会列举现实世界中成功康复的案例来为他们做积极心理引导，这些案例中的主人公积极发挥了自我优势，最终收获了美好人生。

张学良、美国前总统奥巴马、"钢铁侠"小罗伯特·唐尼等人都曾深受抑郁和成瘾问题的困扰，但这并不代表他们

---

[1] 破堤效应指因违反某些约束条例而产生的一种自我失控感。

就丧失了其他所有的优势和美德。相反，在成功摆脱这些问题的困扰之后，通过发挥自身优势，他们都在接下来的人生中大放异彩。

心理治疗或许很难解决来访者当下面对的现实问题，但正向的引导与认知调节，却能有效转变他们对问题的看法并唤醒他们对自身优势的关注。在改变对问题的看法后，他们会意识到："哦，原来情况还没有那么糟。"在开始对自身优势进行关注后，他们会顿悟："啊哈，其实我们还可以更好。"

优势行为训练

很多来访者进入治疗室后，会主动地向我提出要求：

"这次能不能尽量少谈童年的事？"

"说真的，我在童年没有遭受过虐待。"

"当然，连潜意识也不提那就更好了。"

与传统心理治疗的关注点不同，积极认知行为疗法另辟蹊径，提供了很多有科学依据的优势行为训练，来帮助我们更好地培育优势与美德。

下面是两项容易操作的行为训练：

1.感恩训练

积极心理学之父塞利格曼和来自密歇根大学心理系的彼

得森共同设计了一种训练方法，即"3件好事"。

具体来说就是，实验组的志愿者每天晚上写下当天发生的3件好事，以及它们发生的原因，对照组的志愿者不做任何任务。

如果想起了更多的好事，就可以多写一点，如果想不起来，只写一件也无妨。重要的是坚持。

6个月后，比起对照组志愿者的平均幸福指数，实验组志愿者的平均幸福指数提升不少。（见图3-1）

同时，比起对照组志愿者的平均抑郁指数，实验组志愿

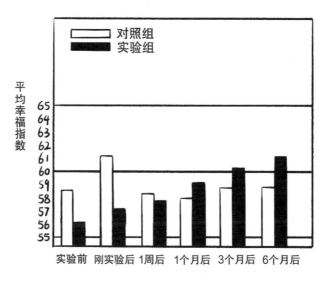

图3-1

者的平均抑郁指数大幅下跌。（见图3-2）

2.在睡前体验爱与被爱

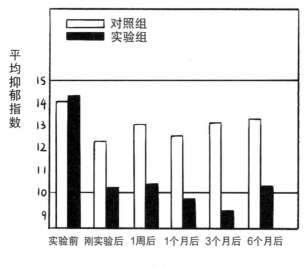

图 3-2

睡前的视觉想象比其他内容更容易成为我们做梦的题材。所以我们可以充分利用睡前的宝贵时间，和爱人或家人进行一些简单的良性互动，以便自己和所爱之人都能拥有充满爱意的美梦。

睡前的一些仪式性的行为有助于深化爱与被爱的体验，最简单的做法是睡觉前与家人分享自己今天发现的一些美好、有趣的小事，比如，可以从开放式的提问开始："今天发生了哪些有趣的事情？"

聊一聊当天看到的笑话、发生过的美好琐事、和同事朋友间有意思的交流，都能让入睡的过程多一些轻松和愉悦。

小结：从此刻开始记录好事

以上有关积极认知行为疗法的策略与训练，都是我在临床中常用的方法。这些方法能帮助我们实现"知行合一"的成长体验，让我们更好地控制抑郁等消极情绪对家庭的影响，并积累正面体验。

如果想将所学化为所用，不如从此刻的练习开始。从今天起，在家开展感恩训练吧！从今天起，每晚睡前，你可以和爱人或者子女一起回顾并记录几件值得感恩的事情或者有趣的事情，相信3个月后你一定会感受到家庭氛围发生了质的改变。

第 4 章

康复者说

本章我们将聚焦于抑郁康复人群，来听听他们是怎样感知抑郁并且克服抑郁影响的。设置本章的意义有三：

（一）尝试帮助抑郁群体去污名化。

每个人在其一生中都有16%的概率有一次重度抑郁发作，全球至少3亿人正在经历重度抑郁发作的痛苦（来自凯斯勒等人在2005年及陆林院士2022年的数据），抑郁者其实不需要背负污名。

在群体中看见抑郁真实的面貌和影响，或许会给予我们更多面对抑郁的勇气与力量。

（二）增加对抑郁的理解。

对很多抑郁者来说，表达自己的状态是极度困难的事，一是因为抑郁降低了他们找人倾诉的主动性，二是因为他们担心表达自己会带来更多的误解或过分的关心。

因此，这些真实的康复者的反馈有助于我们了解抑郁到底给人们带来了怎样的困扰。

（三）一同见证希望永远都在。

本篇中的受访者大多患有难治型抑郁症，其中抑郁历程最短的为一年多，最长的为十多年。

但他们和他们的亲友自始至终都未曾放弃希望，一直积极探寻不同的治疗路径。我相信正是这些努力让我们看到了希望，使得抑郁不再吞噬我们的心智，最终与我们和平相处。

我时常会和来访者分享那句来自《肖申克的救赎》的经典台词："希望是件好东西，也许是世上最好的东西。"

为遵循心理治疗中的保密原则，我对关于来访者的部分内容做了一些删改。我在每节结尾处也留下了 4 个充满启发性的问题，供各位读者进行有关抑郁的全新思考。

愿康复者的故事，为我们点亮希望之光。

第 1 节

别 怕

别怕，它只是像一只黑狗。

来访者盖蓉（化名）是一名设计师，曾遭受抑郁折磨十几年，最严重时会整天只想着如何才能离开这个世界。在接受了数月的心理治疗后，盖蓉基本达到了临床康复标准。

在接受采访时，盖蓉的生活是否完全如意了呢？不一定。她关于痛苦和不如意的冗思会持续吗？也未必。

×（我的助理在采访中的代号）：最近状态如何？

盖蓉：一般吧。心情不太好。如果每天都有一些不开心的事情发生，那么好像很难说一个人这一段时间状态比较好。

×：确实，每个人或多或少都有不顺心的地方。一开始的时候，你是如何察觉到自己的状态不太对的？

盖蓉：当时，有个特别明显的情况——早醒。

×：那时你几点起床呢？

盖蓉：凌晨 2 点到凌晨 4 点之间。

×：那你几点上床呢？

盖蓉：如果在前一天晚上 10 点睡，那么我就会在凌晨 2 点醒；如果在凌晨 1 点睡，那么我就会在凌晨 4 点醒。

×：然后你开始察觉到这样的情况不太对，是吗？

盖蓉：其实在那段时间之前的一两个月，我就天天都不开心。但到了那段时间，除了不开心，我还出现了一些生理上的反应，比如早醒、不想吃东西等。

×：一开始你以为自己可以调整过来？

盖蓉：对。因为之前也会有这样不开心的状态，好像每个人都会有不开心的状态。

×：除了刚才提到的这些生理上的状况，还有其他问题吗？

盖蓉：消化方面和免疫方面也出了问题。

×：免疫方面是指比较容易生病吗？

盖蓉：对，还有过敏。

×：那你会毫无原因地怀疑自己得了某种疾病吗？

盖蓉：当时我会莫名其妙地拉肚子，拉了两个星期。只要我吃东西就会拉肚子。

×：那是肠胃不太好？

盖蓉：对，我感觉自己身上很多地方有问题。到现在我还是会一吃东西就肠胃不舒服，但是胃镜之类的检查显示我的肠胃没有问题。

×：确实有些人有生理上的痛苦感受，但是医学检查没有任何问题。

盖蓉：对。

×：你一共进行了几次心理治疗？

盖蓉：很多次了，具体多少次不太记得。大概是从 2018 年 11 月左右到现在，有一年多了。起初是 1 周 1 次，后面是半个月 1 次，再后来就是 1 个月 1 次了。

×：心理治疗对你有什么具体的帮助吗？

盖蓉：心理治疗的帮助还是挺大的。说起变化的话，那就是我开始能察觉到自己有不对劲的地方，然后可以理性地去处理。我了解到一些新的做法，比如边啃苹果边哭或者在床上把身体摆成"大"字形，会比原先蒙头大哭好很多。

×：在心理医生教过的方法中，让你印象最深刻的是什么？

盖蓉：我现在用得最多的方法是关于认知改变的方法。有时候我真的很生气，但像我这种性格的人，能让我生气的地方实在太多了。如果我不做认知调整，那么我就要把自己气死了。

×：心理学所倡导的认知重塑与认知解离并不是要我们逃避问题，而是要我们不要被问题或情绪牵着走。

盖蓉：对的。

×：网上有一些人说，抑郁者是可以进行自我疗愈的。我认识一个姐姐，她曾经有抑郁经历，经过很多努力后，她不再抑郁了。你觉得这样的状态在你身上发生过吗？

盖蓉：我觉得有发生过。但是当抑郁积压到一定程度时，我就没办法进行自我疗愈了，只能等着，等着某些人或事去把抑郁点爆。

×：也就是说，你有一定的自我疗愈能力。

盖蓉：这适用于轻度抑郁的情况。

×：实在撑不下去的时候，你觉得自己还是需要专业帮助的，是这样吗？

盖蓉：对。

×：接下来你还有什么想要分享的内容吗？我们可以随意聊聊。

盖蓉：其实我在看心理医生的两三年前就开始关注心理治疗了，当时我关注了一个公众号，里面的内容比较专业。我现在慢慢地能理解其中的内容了，我觉得自己在这方面的知识还是比较多的。我现在遇到抑郁方面的问题还是会有不能应对的时候，毕竟我接受心理治疗的时间也过去这么久了。

有些问题不是一时半会儿就能解决的，可能需要我花很长的时间去了解，并学习应对方法。

×：现在你还是希望能解决遇到的这些问题，但是你已经学会接纳部分暂时无法解决的问题，是这样吗？

盖蓉：对。

×：这听起来比曾经只想解决问题的你好很多了。

盖蓉：以前的我就是完全不知道要怎么办，我只知道问题，却不知道解决方法。就像看那个公众号的内容，以前的我看了后觉得，那就是在说我啊。

×：你感觉其中讲的很多内容都是在自己身上发生过的。

盖蓉：或许有些条目不太符合我的情况，但是我把自己代入了。很多问题你看得到，但是你不知道怎么解决。包括现在的我也是一样的，我能看得到很多问题，但有时候不知道该怎么解决。不过在处理这些问题时，现在的我绝对会比曾经的我做得更好。

假如我们可以做出一些微小的改变……

1. 你有过与盖蓉相似的经历或感受吗？读完本篇访谈后，有什么新的想法闪过你的脑海？

2. 本篇采访中提到的哪种做法引起了你的兴趣？

3. 你想尝试哪些新的、微小的活动来改善当下的情况？试着详细描述一下。

4. 我们可以试着将一些即将发生的改变在日历上标注出来，或者设置闹铃提醒自己，我们还可以请朋友或家人提醒，甚至邀请他们共同参与这项有趣的改变实验。

第 2 节

逃 避

从今天起，请叫我逃避学博士。

张柔（化名）的第一次抑郁发作是在她的高中时代。由于很擅长用逃避这种策略应对抑郁发作，因此在治疗过程中，她自己取了"逃避学博士"这个花名。

抑郁经历给张柔的人际关系和学业都带来了非常大的挑战，但回头再看这些挑战时，其中的一些似乎又给她带来了新的感悟与思考。

×：最近的状态还好吗？

张柔：现在挺好的，能做一些自己喜欢的事情，比如养海洋生物。我最近也计划考雅思。

×：你觉得之前造成你抑郁的原因是什么？

张柔：有点复杂。童年阴影、家暴，以及成长过程中发生的很多事情，但直接原因是高考失利。

×：高考失利后，抑郁情绪就爆发了吗？

张柔：那时候还没有爆发，但是我感觉自己整个人很不对劲，后来爆发是因为我去日本了。

×：在日本是发生什么事情了吗？

张柔：我在日本时几乎每天都是独来独往，当时还谈着一场跨国恋。

×：你是在什么时候觉得自己需要接受专业心理治疗的？

张柔：是在回国以后突然发现的。

×：可以谈谈你抑郁时的感受吗？

张柔：我以前不知道这是抑郁，只是觉得脑袋很沉、心情很阴郁。我本来以为这是正常的。

×：出现这种生理上的不适后，你也没有去看医生吗？

张柔：没有，因为当时的我不认为这是什么大问题，我觉得大家身上好像都有类似情况发生。

×：除了生理上的不适，心理上有什么不适吗？

张柔：敏感易怒吧，用心理医生的话来讲，就是易激惹。

×：你在抑郁的时候是怎么做的？

张柔：休息或者逃避。抑郁发作时，我会失去动力，起不来床。刚开始看医生的时候，我在吃药后会出现嗜睡的情况，一天睡14个小时到16个小时。我在大部分时间里都是睡着的状态，所以没有什么很激烈的反应。

×：当时是什么事促使你下定决心去看医生？

张柔：最开始我去看医生是因为被网友的恶意言论刺激到了。我根本不认识这个网友，他对我来说根本不重要，但我却会因为他的言论而崩溃，因此我觉得自己的情绪很不正常。在看到评论的那天晚上，我一整晚都睡不好，第二天我就打算去看心理医生了。

×：找到合适的心理医生后，你做了多久的治疗？大概多久后有了明显的效果？

张柔：有一年左右，我觉得每次都有效果。从今年开始，我的情绪波动小了很多，他就告诉我不用经常去了，但是停止心理治疗后我有点反弹，所以还要继续巩固几次。

×：嗯，抑郁确实是很容易反弹的，你对此会感到恐惧吗？

张柔：不会恐惧。我前段时期就反弹过，遇到一些事情后会有应激反应，会想休息，会想让自己暂时停下来。但是问题都会得到解决的。

×：一般什么事情会让你的抑郁出现反弹？

张柔：友情、感情、学校方面的事情。

×：你还记得心理医生教给你的方法吗，你觉得哪种对你帮助最大？

张柔：对我来说，不断复习这些方法来巩固疗效有点儿困难。不过心理医生在和我交流的过程中，潜移默化地影响了我的思维方式。我没有特别有意识地去用某种方法，但是我觉得自己整个人好转了很多，思路也打开了很多。在很多事情上，我会比我的同龄人更想得开。

×："逃避学博士"这个称号很有意思，可以说说你为什么要取这个花名吗？

张柔：心理医生在我的治疗中提到了我的完美主义倾向，这个称号和我的完美主义有关。在我抑郁的时候，如果我觉得自己没办法承受一件事情，那么我就不去做它，或者如果我认为自己做不好一件事情，那么我也不去做它。比起以前，现在这种情况少多了。

×：所以逃避会让你的情绪更好吗？

张柔：不会，但是我习惯性地想要将一件事情准备得十分完美。

×：完美主义是你抑郁的一个原因吗？

张柔：算是，但是我觉得完美主义不全是坏事。

×：当你发现完美主义影响到你的情绪后，你有没有尝试去改变？

张柔：我觉得完美主义中的积极向上的部分可以不用改，对于其非常影响我的个人生活的部分，我会试着改善。

×：在进行心理治疗之前，你是如何看待心理治疗的？

你现在对它的看法有没有发生改变？

张柔：我曾经觉得，只有心理有问题的人或者疑似心理有问题的人才会去看心理医生。但是我现在知道，没有重度抑郁，只是不开心也可以去看心理医生。

×：非常开心看到你现在已经走过了那段艰难的日子，对于那些正在与抑郁对抗的人，你有什么建议吗？

张柔：大家对抑郁的看法是不一样的，但是我觉得最重要的一点是消除病耻感。因为我看到大部分人嘴上说自己没有病耻感，但其实不想被人发现自己有心理问题，包括我现在的大学同学，他的家长就不允许他和学校说这件事。但其实我觉得，说出来之后，大家会更加明白你的处境，比如学校会提供帮助，你的生活会变得更轻松，你自己心里也会更轻松。

×：有人认为抑郁带来的痛苦与伤害会成为一种深刻的生命体验，真正走出来的人会受到一次生命的洗礼，你认为这段抑郁和康复的经历对你来说有什么意义？

张柔：我觉得你说得非常对。曾有一段时间，我觉得自己做什么都是错的，但是我会求助、挣扎，也会有人支持我。抑郁好了之后再回头看，我发现自己整个人变得不一样了。对我来说，我的共情能力和体察情绪的能力提高了。我以前不懂感恩，得到任何东西时都不会特别喜悦，因为我觉得它们是我应得的。但是现在我不一样了。我现在正在处理转学的问题，在我看来，如果能通过努力进入我想去的学校，那么这会让我很开心。

假如我们可以做出一些微小的改变……

1.你有过与张柔相似的经历或感受吗？读完本篇访谈后，有什么新的想法闪过你的脑海？

2.本篇采访中提到的哪种做法引起了你的兴趣？

3.你想尝试哪些新的、微小的活动来改善当下的情况？试着详细描述一下。

4.我们可以试着将一些即将发生的改变在日历上标注出来，或者设置闹铃提醒自己，我们还可以请朋友或家人提醒，甚至邀请他们共同参与这项有趣的改变实验。

第3节

双 相

愿人间不再有情绪病。

来访者柏珍是一位来自香港的法律界精英，她患有躁郁症十多年了。

躁郁症学名为双相情感障碍，该障碍表现为躁狂和抑郁交替出现。这种如过山车般起起落落的情绪波动给柏珍带来了许多麻烦。柏珍曾采取很多自救行为，她最终鼓起勇气去接受专业治疗。

当柏珍越来越能控制自己的状态之后，她发出了一句"愿人间不再有情绪病"的感慨。

×：最近的状态还可以吗？

柏珍：就是不好不坏吧，一种很中间的状态。

×：你是什么时候发现自己出现了情绪问题？

柏珍：我在青少年时期就已经有蛮明显的症状。

×：可以谈谈你在躁郁症发作时的感受吗？

柏珍：在我抑郁的时候，我会做自己该做的事，但整个人非常自闭，那种状态下的我觉得与人接触是一种很难、很沉重的事。我不愿意动，没有任何意愿，觉得自己哪方面都不行。在我躁狂的时候，我会觉得自己天下第一，没什么自己做不成的事，那种状态下的我想法特别多，并且非常热衷于社交，在人很多的环境里如鱼得水，我觉得自己特别有魅力、特别自信。

×：你一般在什么时间段处于躁狂的状态，什么时间段处于抑郁的状态？

柏珍：这两种状态是交替进行的。多数时候我可能是一段时间信心满满，下一段时间就觉得自己糟糕至极。这个周期有时候是几周或几个月，也有时候我会在一天内经历几次情绪跌宕起伏的循环，就好像坐云霄飞车那样。

×：当时是什么事情很折磨你，让你觉得自己需要看病？

柏珍：因为我没办法入睡。在 2019 年，我有过一次非常严重的惊恐发作，当时我呼吸困难，有点喘不上气，连续两三天都睡不好，整个人就像行尸走肉一般。我不知道自己该怎么应对这个状况，这是一种新状况，是我完全没有预想过的状况，是我完全没有了解过的状况。然后我去看了医生，我想让医生开点安眠药来帮助我入睡。

×：你尝试过跟你的家人或者朋友诉说这些情绪吗？

柏珍：我不怎么跟家人说，他们知道我的状况。但是我经常和朋友讨论我的状况。我觉得自己比较幸运，因为我身边的人还是非常包容我的。

×：在你去治疗之前，你是怎么缓解自己的症状的？

柏珍：生病让我的性格变得奇怪，但我比较幸运，因为我有一群一直以来都很包容我的朋友。当我真的要崩溃的时候，他们永远都可以托着我。另外，我也会自救。虽然我天天念叨着不想活了，但其实我的求生欲还是蛮强的。一旦到了特别不好的阶段，我也会有那种天然的求生欲望，这驱使我走出困境。我之所以去找医生，是因为我发现自己的力量耗尽了，我无法启动自救模式了，再这样下去可能真的要和世界说拜拜了。

×：你是如何启动自救模式的？可以举个例子吗？

柏珍：我会在朋友圈里记录自己的想法，同时设置私密模式，只有我自己能看到。这种记录可以让我看到自己的挣扎。很多时候，一旦写下一些想法，它们就停在那里，不再继续发展了。而且，在自我解救的那段时期，我一直有非常明确的目标，比如说我一定要去某某学校。在我状态非常不好的时候，我也能通过抓紧这个目标继续往前走。

×：刚刚你说你的朋友会给你提供很多帮助，可以分享一下你觉得最治愈、最温暖的一件事情吗？

柏珍：我觉得这样的事情很多。我的每个朋友都陪我聊过超过 6 个小时的天，就是不停地聊天。很多朋友都陪我喝过酒，帮我买过药，带我出去玩……这种事情太多了，我很难单拎出一件事。我还记得在我状态最差的 2019 年发生的事，平时的我是一个很看重学业的人，但是当时的我已经崩溃到没有办法去关注学业了。在最后关头，我有个朋友虽然自己也很忙，但仍旧专门抽出几天时间帮我补习，我觉得这让我很感动。

×：可以谈谈你的就诊经历吗？

柏珍：在很长一段时间内，我都不愿意看医生。在 2018 年的时候，我父母的朋友觉得我应该去看医生，然后我父母就带我去了医院。我当时戴了一顶渔网状的帽子，整个过程都跟着医生的指令走，最后被确诊为双相情感障碍。我身体不是特别好，吃了医生开的药之后，我的胃会很难受，然后我就不愿意吃，后来索性就不吃了。在 2019 年，我的情况恶化了，日常生活受到了严重影响，我开始意识到自己需要好好接受治疗，于是就去医院找医生开了药。为了少受罪，我只吃一些安定类的药物。当时，我整个人的状态很不好，这也体现在我的学业上、生活上。我感觉自己整个人都处于麻痹状态，没有以前那股劲儿了，但我是需要那股劲儿活下去的。我也没有求生欲了，反正有人帮我求生。过了一段时间，我觉得药物的帮助不够理想，然后就开始寻求心理医生的帮助。

×：你在接受了心理治疗之后，有没有比较明显的好转呢？

柏珍：我可以更加明确地察觉到自己身上的一些不好的状态。心理医生提供给我的认知行为疗法会有一个框架，它包括几句口诀式的小观点，我觉得那些小观点还是比较有用的。在我发作的时候，它们可以像闹铃那样提醒我。我感觉它们更像是一种生活上的指导，教我一些如何看待自己、他人和社会的观点，虽然它们针对抑郁思维，但是并不是只有抑郁的人才可以用。认知行为疗法让我形成了一种思维习惯，让我更不容易受到消极思维的侵蚀。

×：作为一名曾经的躁郁人士，你希望身边的人提供怎样的帮助？

柏珍：我觉得最有效的帮助就是陪伴。我觉得有时心理医生最大的作用也是陪伴。但是这个前提是陪伴的人自己不受影响。其实不管是躁郁者、抑郁者还是其他心理疾病患者，他们在病情严重的时候都会对身边的人造成影响。作为身边的人，你提供帮助的前提一定是你自己没有受到严重的影响。

如果你觉得自己的心理足够健康的话，那么你就可以陪伴下去。如果你觉得自己受到了严重的影响，那么你完全可以选择不陪伴。我身边有两拨朋友，一拨像我一样心理非常不健全，另一拨非常不像我，心理非常健全。他们可以在不同的时刻为我提供帮助和支持。他们说过的话、对我进行的劝导是什么并不重要，他们在我身边才是最重要的。

×：你有没有话想对跟你有同样经历的人说？

柏珍：如果你没那么幸运，和我有类似经历，那么首先我不代表任何人，我仅代表我自己认可你觉得自己很惨，我也支持你对这个世界生气并且认为它不公平。其次，你可能也要认识到，世界是否公平、你是否委屈和这个病存不存在是没有关系的，只要这个病存在，你就要学会去克服它或者与它共处。即使你有很多不甘的情绪，你也可以慢慢学会应对这件事。然后你就会逐渐好转，就算不痊愈也一定会好转。

×：你曾在一些公开的平台发表"愿人间不再有情绪病"的评论，可以谈谈你为什么会有这样的感想吗？

柏珍：我觉得情绪病折磨人的地方在于它让你分不清真假。心理出现问题的时间长了之后你会怀疑自己，常想"我是不是真的有问题啊？还是说我本性就是如此？"。当你因为情绪问题发作而不想做事的时候，你也会怀疑，觉得"我可能没有问题，就是懒而已"。哪怕是医生也很难给你一个准确的答案，告诉你这是心理问题的症状还是你本身性格的问题。我觉得这是很难去分辨、去解释的，它会让你非常非常苦恼。

当它把你生活中的每一分每一秒都变成修行的时候，你会很难真切地体会到快乐。比如当别人在晴朗的好天气出去玩时，他们会觉得好开心啊！大自然好美妙啊！你就在旁边，你也看到了同样的美景，但是你会想："我为什么以前没有欣赏过如此美景？"你没有办法像别人一样感受到直接的快乐。我觉得它剥夺了你直面生活乐趣的权利。我从来不觉得它是一个祝福，我觉得它就是一个诅咒。但是我慢慢地可以和它共存，我也慢慢地学会了如何控制它，更确切地说是控制我自己。

假如我们可以做出一些微小的改变……

1. 你有过与柏珍相似的经历或感受吗？读完本篇访谈后，有什么新的想法闪过你的脑海？

2. 本篇采访中提到的哪种做法引起了你的兴趣？

3. 你想尝试哪些新的、微小的活动来改善当下的情况？试着详细描述一下。

4. 我们可以试着将一些即将发生的改变在日历上标注出

来，或者设置闹铃提醒自己，我们还可以请朋友或家人提醒，甚至邀请他们共同参与这项有趣的改变实验。

第 4 节

没用

我申请到了顶尖大学的博士，但我觉得自己一无是处。

潘博是一位社会学博士生。在她留学时，抑郁悄然闯入了她的生活。她开始用扭曲的认知撕碎原本愉悦的生活，并屈从于它的消极评判，认为自己一无是处、毫无价值。

当饱受抑郁摧残的潘博开始用新的方法观察情绪后，她发现自己的抑郁原来也是可以缓解的。

×：最近的状态怎么样?

潘博：挺好的。我现在在放暑假，有两个项目在同时进行，也有工作在进行，压力挺大的，但是我的心情没有很大波动。我的情绪最强烈的时候是 3 个月前，那时我刚失恋。

×：当时是什么事情让你去寻求心理医生的帮助的?

潘博：在过去的很多年中，我都饱受抑郁情绪和焦虑情绪的困扰。当这些情绪变得非常强烈时，我便开始接受心理治疗。

×：当你有这些情绪的时候，你处于什么样的状态？

潘博：我会坐立不安，就连在自己的卧室里也会很难受，所以我会冲到浴室里或者打电话找朋友倾诉。在心理医生的指导下，我开始练习正念，我还会记录导致我情绪爆发的冗思内容。在经过几个月的练习之后，我发现正念这种方法对我非常有效，比如有一次午休后，我感到相当抑郁，于是我就开始静观情绪，同时不做其他的反应。当我开始出现观察情绪的念头时，情绪的影响力就开始减弱了。大概一分钟，情绪的强度会达到顶峰，再往后它的强度会慢慢降下来，我就可以继续做自己的事情了。

×：你会怎么描述你的抑郁情绪？

潘博：它让我有一种被困住的感觉，让我觉得身体很沉重。通常当我的抑郁情绪出现时，我都会出现很强烈的焦虑情绪，还会有一种四肢僵硬的感觉。

×：你和家人倾诉过自己的抑郁情绪吗？他们能理解你的这些情绪吗？

潘博：他们知道我心情不好，但是他们对抑郁是否了解就不见得了。一开始他们会问我为什么不开心，或者让我开心一点。后来被我提醒了之后，他们更多表现出的是尊重，或者试图去了解我身上发生了什么事情。

×：当时你害怕别人知道你有抑郁情绪吗？

潘博：会啊，我不想被别人知道我是个消极的人，也不想整天在课堂上眼泪汪汪。抑郁本身不是绝症，但是周围的环境往往会给抑郁者造成一定压力。帮助抑郁者减弱病耻感，可能会让他们的求助之路变得没有那么难。

×：你之前对待自己的抑郁的态度是怎样的？

潘博：之前我会责备自己，感到无助，就像我刚才所说的那样，我认为自己很消极。抑郁情绪影响了我的学习和生活，让我变成了一个很消极的人。

×：经过一段时间的治疗后，你身上发生了什么变化？

潘博：我现在对抑郁有了全面的了解，我和心理医生有着长期的交流，我们会一起学习，并探讨相关书籍中的内容。现在出现抑郁情绪时，我已经不会再慌张了，而且我已经有很多应对措施。另外，我也会帮助身边的人去寻求专业的、高质量的心理健康服务。

×：为了调节自己的抑郁情绪，你都做了哪些努力？

潘博：长期进行正念冥想，每周进行连续 30 分钟以上的有氧运动，写情绪日记，大量阅读相关书籍。

×：什么事情促使你去接受心理治疗？

潘博：在我申请博士的时候，我一个人在澳大利亚，那时候全世界范围内的疫情都很严重。如果博士申请成功，那么我还要飞去美国，一想到这里，我就有些透不过气。当时我的冗思很严重，心理医生也在努力帮我解决这个问题。

×：你认为哪种心理学方法对你最有效？

潘博：观察情绪，这让我发生了实质性的改变。很多心理医生都认可这种方法。

×：既然你现在已经能很好地调节自己的情绪，那么对于和你有相同情况的人，你有什么建议吗？

潘博：及时求助。但是我有一个担忧，那就是目前很难寻求到专业、高质量且适配的帮助。

×：现在回头看自己的这一段经历，你认为它给你带来了什么积极影响？

潘博：近期我了解到，很多40岁到60岁的人都受到严重的情绪困扰，因为那个年纪的人往往面临很多来自家庭、事业、健康的压力。我觉得，学习科学的心理学知识和正念冥想训练对往后的人生是非常有帮助的。

×：抑郁是容易复发的心理问题，你对此感到担忧吗？

潘博：我刚上大学的时候会有这种担忧。但是后来我在大学4年中学了很多心理学的课，对抑郁有了更多的了解，我就没那么害怕了。不过如果你问我是否能处理得很好，那么我也不能给你肯定的回答。直到今年，我才开始能娴熟地使用一些心理学的策略和方法来帮助自己面对抑郁。

假如我们可以做出一些微小的改变……

1. 你有过与潘博相似的经历或感受吗？读完本篇访谈后，有什么新的想法闪过你的脑海？

2. 本篇采访中提到的哪种做法引起了你的兴趣？

3. 你想尝试哪些新的、微小的活动来改善当下的情况？试着详细描述一下。

4. 我们可以试着将一些即将发生的改变在日历上标注出来，或者设置闹铃提醒自己，我们还可以请朋友或家人提醒，甚至邀请他们共同参与这项有趣的改变实验。

第5节

尊重

抑郁者最需要的是尊重。

若楠表现出了典型的青春期抑郁症状，但是她的父母却很难在一开始就给予她有效的帮助。

在亲历抑郁之后，若楠认真地给出了她的观点——抑郁者最需要的是尊重。

×：当时造成你抑郁的因素是什么？

若楠：我当时的学习环境有很大的改变。那时我刚从普通高中转到国际高中，生活发生了很大变化，我没能很好地适应。可能因为改变太大了，我心里无法承受。另外，我以前就经常会出现抑郁情绪和焦虑情绪。

×：你以前就经常会出现抑郁情绪吗？

若楠：是的，我可以明显感受到自己陷入抑郁情绪的频率比别人高。我完全不知道这可能导致重度抑郁发作，我当时以为这只是自己性格的问题。

×：在你去求助之前，你是怎么度过难熬的时期的？

若楠：通过转移注意力，比如换个学科学习，或者去运动、跳舞，让自己的神经兴奋起来，进而让自己开心起来。我会在待办事项上写出我的情绪是由什么导致的，事后再去解决这个源头。有时候问题会得到解决，但是有时候不会，甚至会有新的问题出现，所以我会持续地进入抑郁和焦虑的状态。

×：在那段抑郁的时间里，你的生活是怎样的？

若楠：我必须要用百分之百遮光的窗帘和眼罩，并且入睡环境要非常安静。但哪怕在非常安静的情况下，我也得带耳塞才可以睡着。我很容易醒，一丁点儿声音都能把我吵醒。在白天，我会感觉脑子不太好使，转得不是特别快。

×：你第一次出现这些情况是什么时候？

若楠：初三吧，那时已经有些睡不好觉了。

×：是什么事情让你觉得自己需要求助？

若楠：当时我刚转到深圳的一个寄宿制国际高中。有一天晚上，我和宿管老师聊了一些我的事情，我提到自己特别焦虑，很容易有抑郁情绪，有时会强迫自己想一些关于人生意义的问题，有时候只想躺在床上，不想去上课。尽管教室和宿舍距离很近，但我就是不想去。然后我的宿管老师说了一番话，让我决定第二天一个人去医院求助。她说："我之前有个朋友的儿子跟你的情况有些类似，他后来被诊断出重度抑郁。"

×：你一个人去医院前没有提前和父母说吗？

若楠：我是自己跟学校请假出去检查的，没有和家人说。诊断结果出来后，我才跟他们说的。

×：当时诊断出什么结果？

若楠：中度抑郁，中度强迫，轻度焦虑。

×：你看病之前尝试过跟家人、朋友倾诉自己的抑郁情绪吗？他们知道你的情况吗？

若楠：我之前根本不觉得自己会抑郁，我觉得自己顶多是有点儿强迫或者焦虑。当我和家人、朋友倾诉的时候，他们会直接帮我分析我出现抑郁情绪的原因。他们没有觉得我有心理障碍，我自己也没有这么觉得。

×：你的父母知道诊断结果后是什么态度？

若楠：刚开始我是发微信告诉他们的，所以我不知道他们是不是特别震惊，但是后来当我问他们的时候，他们说很震惊、很担心。

×：他们能理解你有抑郁问题这件事情吗？

若楠：他们刚开始不相信这种事会发生在自己的孩子身上，认为这是小概率事件。但是当我和他们说了之后，他们立刻去参加了一些社群，并开始搜索相关信息。渐渐地，他们知道全世界的抑郁人群的比例还是很高的，所以也不再有病耻感或感到很奇怪了。

×：那你自己会有病耻感吗？

若楠：没有，我觉得自己还是以前那个人，只是多了一些医学上的症状，并且多了一个任务——要把抑郁治好。我和身边很多人说了这件事。

×：看到诊断结果后，你的心情如何？你觉得这是可以治好的吗？

若楠：看到诊断结果后的那3个小时，我的心情很沉重。我当时很困惑，不懂自己为什么会得抑郁，我真的很想知道原因。

×：医生没有告诉你原因吗？

若楠：他问了我一些生活上的事情，比如睡眠问题，但是没有告诉我导致我抑郁的因素。

×：所以你在进行心理治疗之前吃过抗抑郁药？

若楠：看到诊断结果后，我很快就联系了心理医生，心理医生认为我的抑郁程度并不算太严重，完全可以只通过心理治疗来解决。所以最后在跟精神科医生及心理医生沟通后，我选择只进行心理治疗。

×：你在心理医生这边接受了多久的治疗？

若楠：3 个月左右。

×：治疗之后，你觉得自己最大的变化是什么？

若楠：我用了心理医生教的那些方法来调整自己的认知。最大的改变就是，当我处于抑郁的状态时，我可以意识到这一点，然后能很快地从抑郁情绪中抽离出来。

×：你最常用的方法是什么？

若楠：正念冥想和转移注意力。

×：网上有人说治疗抑郁最重要的是靠自己，也有人觉得家人的陪伴很重要，你觉得在你康复的过程中，谁对你的帮助最大呢？

若楠：心理医生。因为心理医生会告诉我哪些方法是被验证有效的，我照着做就行。我会遵循心理医生的医嘱，去完成每次练习，尝试用一些新的、更加科学的方法去察觉和改善自己的情绪。

×：你前面提到了自己的冗思问题，现在情况有好转吗？

若楠：我现在的状态有些超出我的预期，我几乎不会陷入冗思了。冗思很难完全避免，但是在了解了冗思后，我可以很快察觉到冗思并且自行终止这一过程。

×：那么说你现在的状态很不错了。对于那些还在与抑郁对抗的人，你有什么想对他们说的吗？

若楠：找一个好的心理医生。后来我在进行自我反思的时候发现，如果只看心理学方面的视频或者书籍是不够的，必须找靠谱且专业的人进行心理治疗。

×：这段抑郁和康复的经历有没有给你带来积极影响？

若楠：我认为有，这段经历对我的认知有很大影响。我意识到，学习新的东西不仅非常重要，而且是让我感到非常幸福的事情。

×：抑郁是个容易复发的问题，你会害怕自己复发吗？

若楠：不害怕，因为我知道自己会很快觉察到抑郁情绪。

×：经过这段时间的治疗，你对待自己的抑郁的态度是怎样的？与之前相比有什么变化吗？

若楠：有变化。刚开始我会觉得这是我人生的阻碍，因为它导致我休学了，还导致我更加困惑，我困惑自己多了一个疾病的标签。现在我会觉得抑郁的经历升级了我的认知，它没什么大不了的。

×：你休学了多久？

若楠：从 2021 年 12 月下旬到 2022 年 3 月。

×：休学会影响你的情绪吗？

若楠：刚开始我会有这种想法，觉得我的学业比别人落下了很多。但其实我总共也只休学了不到 4 个月。刚回到学校时，我担心自己赶不上同学，但是后来我慢慢觉得这没有关系，慢一点又怎样呢？况且我在心理方面成长了特别多。后来，我不再和别人比较，而是开始学东西、学知识，这样我就没时间和别人比来比去了。我会看一些公开课的视频，还把自己之前想做但没做的事情都补上了，这让我感觉挺好的。

×：你觉得抑郁者最需要的是什么？

若楠：最需要的是尊重。说实话，如果我没有得抑郁，那么我很难完全理解抑郁。但是我觉得尊重是底线，否则身边的人会很容易给抑郁者造成二次伤害。

×：周围的人对抑郁的误解会给抑郁者带来伤害吗？

若楠：会，而且可能会加深他的抑郁。

×：你知道哪些例子？

若楠：我身边有个同学抑郁了，在他生病的那段时间里，他妈妈认为他很矫情、很做作。我觉得这位妈妈的想法就是对抑郁者的不尊重、不理解。

×：你会怎么描述自己的抑郁呢？

若楠：灰暗，还有认知上的狭窄。

×：为什么不是黑呢？

若楠：因为对于我来说，没有自伤行为的话就是灰的，还不到黑的程度。灰暗说明我康复的希望很大。

假如我们可以做出一些微小的改变……

1. 你有过与若楠相似的经历或感受吗？读完本篇访谈后，有什么新的想法闪过你的脑海？

2. 本篇采访中提到的哪种做法引起了你的兴趣？

3. 你想尝试哪些新的、微小的活动来改善当下的情况？试着详细描述一下。

4. 我们可以试着将一些即将发生的改变在日历上标注出来，或者设置闹铃提醒自己，我们还可以请朋友或家人提醒，甚至邀请他们共同参与这项有趣的改变实验。

第6节

相 信

我相信当前的状态不会是最后的状态。

中学时遭遇的校园霸凌给禹泉造成了巨大的心理创伤，经过多年的发酵之后，他的抑郁问题已经十分严重。在与抑郁纠缠的多年时间里，他一度为了摆脱心理痛苦而不惜伤害自己，并因为抑郁而不断自我贬低。

如今，禹泉的抑郁问题仍旧不容乐观，但他对抑郁已经有了一些新的看法。更令人钦佩的一点是，他已经逐步战胜了抑郁"不相称"表现中的固定归因偏误，开始逐步践行埃里克·埃里克森所坚信的观点："人的本质是希望；即使在最糟糕的情况下，人类也能保持希望。"

×：现在回想起抑郁的那段时间，你的心情还会受到影响吗？

禹泉：会的。

×：你最近的状态如何？

禹泉：相比之前，现在的我略微有点焦躁，对周围的各种事物都提不起兴趣，每天都过得有点漫无目的。但是换个角度想，我比以前更想去尝试新事物，希望能找到提起自己兴趣的事物。在以前，我认为我要成为别人希望我成为的样子，我会试着满足别人的想法。我还会思考，如果我说出了自己的真实想法，我是否会得到比较差的反馈或者灾难性的反馈，我是否会引起不必要的冲突，以及我是否会造成不必要的误会……总之我会有各种各样的担心。但是现在我会觉得，其实在很多时候，真诚反而会比反复地思考、反复地焦虑来得更好一点。

×：你觉得自己抑郁的原因是什么？

禹泉：我觉得有很多，但最主要的原因是我在初中经历了一次校园霸凌。其实我没有经历身体方面的暴力，而是被整个班级孤立了。简单来说就是，在开班会的时候，我检举有人在上课的时候肆无忌惮地在后排玩手机。部分同学认为我背叛了他们，就开始孤立我。他们还到处散布谣言，说我的坏话，后来还在网上很负面地评价我。从初中到高中，我的名声一直是很臭的。从那之后，我会选择伤害自己或者损害自己的利益去满足别人的想法。

我还有非常强烈的完美主义倾向。我父亲是一名律师，他做事时会追求尽善尽美、滴水不漏，我想自己可能受到了他的影响。我希望自己的每一项能力都是顶尖的，我希望自己做的每一件事情都可以达到最完美的状态。

×：你是在什么时候发现自己出现了心理障碍的？

禹泉：在我开始正式接受治疗时。在这之前，我其实从来没有真正觉得自己出现了心理障碍，我只是觉得自己非常不善于和人交流，是个很差劲的人。大概是在两年前还是三年前，当时我和父母的关系很不好，我觉得待在家里非常痛苦，仿佛再在家里待下去就要死了，然后我就打算在凌晨骑车出门。结果我发出的动静被我们家的狗听到了，狗叫声把我的父母弄醒了。他们一直以来就认为我可能出现了心理方面的问题，但从这件事情之后，我才开始接受治疗。接受治疗之后，我才了解到我的很多想法都是扭曲的，比如我在很多方面都表现出了灾难化预期和过度完美的预期的倾向。这些想法已经伴随我太久太久了，所以我已经没有办法明确地察觉到自己是从哪一个时刻开始变成这样的。初中那件事情相当于把我变成了另外一个人。以前我没想过解决自己的问题，我只是单纯地觉得活着很辛苦。

×：你当时出现了伤害自己的行为吗？

禹泉：嗯。我有过很多次自伤行为。首先，我觉得自己没有任何选择，我经常处于自我贬低的状态。其次，我已经不太能感受到真正活着的感觉。因为我没有目的，没有任何喜欢的事物。我只能伤害自己，来让自己感受到自己还活着。

×：你的这种行为有没有造成严重的后果，比如需要去医院接受紧急治疗？

禹泉：只有一次可能是需要去医院治疗的，因为创口非常大。但是我不想把这件事情弄得那么麻烦，我不希望麻烦那么多人，尤其是担心校方可能通知我的家长。我后来自己尝试了各种各样的办法，最终把血止住了。

×：现在你对以前的自伤行为有一些新的看法吗？有没有想过其实还有其他不那么危险的方法来缓解自己的情绪？

禹泉：后来我接触了正念疗法，尤其是前段时间还了解到有一种方法叫握冰正念。如果我能更早接触到这些方法的话，那么我就可以少受很多罪。当然，那也需要我经过一段时间的练习。

×：你接受心理治疗后最大的变化是什么？

禹泉：其中一个大的变化是，我对一些事物的想法发生了改变，我能更加清晰地认识到自己的很多想法，我了解到想法并不等于我必须要去相信的事实。我觉得认清这些对于我来说是非常重要的。另外一个大的变化就是，我觉得自己好像并不是一无是处，我还是有一点用的。

×：你还记得心理医生教给你的一些方法吗？

禹泉：我记得，而且我平时也会用这些方法。每次当我觉得自己出现了问题的时候，我就会回头去翻一下自己的笔记，这样做会让我平静很多。

×：哪种方法对你帮助最大，或者说你最常用哪种方法？

禹泉：我觉得它们都对我很有帮助。我最开始接触到的是正念，它提升了我的睡眠质量，后来我又学习了认知解离、认知重塑等方法。我最常用的方法是把自己从当前的认知中抽离出来，然后从更高的维度去观测自己的想法，以便认识到自己的想法只不过是一个想法，它并不是我必须相信的事实。以前的我可能会一口咬定某件事，觉得那就是事实。现在我会去质疑这些想法，不再那么坚信我的感觉。

×：对于那些正被抑郁困扰的人，你有什么想对他们说的呢？

禹泉：这个世界上的很多事物、很多结果，其实并不是我们所能控制的。其中最明显的就是时间的流逝。随着时间的流逝，四季会更替，人会慢慢变老，但是同时，一定会有新生事物出现。所以我们当前的这种抑郁状态不是一成不变的，它有点像一个难熬的冬天，但是冬天过后就是春天。时间永远在前进，我们也永远在前进，所以我相信当前的状态不会是最后的状态。

假如我们可以做出一些微小的改变……

1.你有过与禹泉相似的经历或感受吗？读完本篇访谈后，有什么新的想法闪过你的脑海？

2.本篇采访中提到的哪种做法引起了你的兴趣？

3.你想尝试哪些新的、微小的活动来改善当下的情况？试着详细描述一下。

4.我们可以试着将一些即将发生的改变在日历上标注出来，或者设置闹铃提醒自己，我们还可以请朋友或家人提醒，甚至邀请他们共同参与这项有趣的改变实验。

第 7 节

成长

孩子的抑郁问题对父母来说也是一种成长。

棠溪的孩子因为在高中遭遇了霸凌，一度陷入抑郁。除了接受心理治疗，棠溪的积极陪伴也为孩子情况的好转提供了许多助力。

×：最近孩子的状态还好吗？

棠溪：挺不错的，在出现状况的时候他能自己处理问题了。例如，最近他开车出去，遇到了车辆剐蹭的事情，他会主动联系保险公司处理，情绪比较稳定，睡眠也很正常。他还会关心家里人以及周围其他人，从他朋友圈里的内容可以看出，他现在是一个很积极向上的孩子。

×：当时是什么导致他出现了心理障碍？

棠溪：在高二的时候，有同学经常欺负他，甚至还拿小刀威胁他。

×：他当时是主动和您说这件事情的吗？

棠溪：当时他没有第一时间和我说，是过了一段时间之后才和我说的。

×：那您是怎么处理这件事情的呢？

棠溪：我去学校找了老师，但后来这事好像就不了了之了。我的孩子认为这种处理方法是不恰当的，这对他的身心造成了极大的伤害。

×：他是在处理完这个事情之后立刻和你们说你们的处理方法不恰当的吗？

棠溪：不是的，他是在自己抑郁之后才和我说的，我们那时才意识到自己的方法不对。后来那个孩子仍然会欺负他，只是没有以前那么明目张胆，而是跟在别人后面起哄。这种事情发生了两三次，直到我和孩子的爸爸再次到学校干预，之后才没有出现。后来孩子去美国上学，又遭到同学的语言暴力。他当时很不舒服，我们就把他接回来了。

×：您是在什么时候发现孩子有些异常，需要接受专业治疗的？

棠溪：在他再次去美国上学的时候。当时他的兴致完全提不起来，他经常处于不开心的状态。

×：是您自己察觉到他不对劲的，还是他主动和您说的呢？

棠溪：他主动和我说过他不开心，我也发现他在学习上不如以前专注了。

×：在发现孩子可能有心理障碍后，您是怎么应对的？

棠溪：我带他去医院看病，医生开了药，但是药物治疗没有达到比较理想的效果。当时我们心里挺着急的。后来，也就是在 2021 年 4 月，一次偶然的机会让我认识了现在的心理医生，我听了他一场讲座，我很认可他的理念和他使用的认知行为疗法，然后我就开始关注这位心理医生。

×：所以您会主动去了解与抑郁有关的知识，是吗？

棠溪：是的，但是我了解的知识不系统、很零散。孩子抑郁了，情绪会变差，会表现出一些不好的想法和出格的行为，无论是对孩子还是其家庭来说，这都是一种磨难。我们不知道希望在哪里，也不知道要熬到什么时候。只是回想起那段时间都会让人觉得心情很压抑。

×：心理医生的治疗方法对您孩子的帮助大吗？

棠溪：心理医生的方法非常有用，他会告诉我孩子目前的状态和抑郁程度，还帮我介绍了一些专业的精神科医生，以便孩子同时接受药物治疗和物理治疗。我很感谢他对我孩子的帮助，他从专业的角度给了孩子系统的支持和引导。刚开始时，基本上孩子每周会接受一次心理治疗。心理医生采用的认知行为疗法是一种非常系统的方法，我能看见孩子一点点在改变。我的孩子是一个善于思考的孩子，但是如果他思考的方向或方式是错误的，那么这就会给他带来伤害，加重抑郁。而心理医生能基于我的孩子善于思考这一特点，给予他正确的引导。我自己也主动预约了几次心理治疗，以便心理医生对我进行沟通方面的指导，效果是立竿见影的。

×：您觉得什么方法帮助最大？

棠溪：心理医生教了很多方法，我都做了笔记。例如，当我的孩子和我说"我好没用""我好绝望"之类的话时，我会按照心理医生教的那样，帮助孩子质疑这些想法，比如我会问"支持这些想法的证据有哪些？""有哪些事实不支持这些想法？"。每当我这样问了之后，我的孩子往往会停止错误的思考方式，他也会意识到事实并非如他所想的那样糟糕。还有，现在当我的孩子做了很棒的事情时，我会主动问孩子："我很好奇你为什么能做到这些？"具体来说，就是在表达好奇、感兴趣的同时引发孩子的思考，在孩子说出想法后再去分享我自己观察到的东西。经过一段时间的治疗之后，孩子处理问题的效率提高了，遇事也不惊慌了，和以前很不一样了。

×：他之前是怎么处理事情的？

棠溪：他之前遇到困难的时候往往会退缩、自责，他经常控制不了紧张、焦虑的情绪。

×：听起来他现在的变化很大，状态也很好。

棠溪：你说得没错。他还有一个变化很大的地方：他以前很"社恐"，但是他现在会大胆地到外面去社交，而且不同的朋友圈子里的人都很信赖他，都乐意把心里话告诉他。我就问他："为什么你有这么好的人缘呢？"他说："因为他们都很好，而且我们比较投缘吧。"我会回他说："因为你好，别人才会对你好。"一听到这样的话，他就很开心。

×：作为抑郁者的家属，在这个过程中您一定付出了不少努力。那么您认为家属提供什么样的帮助对缓解孩子的抑郁最有效？

棠溪：第一，要全然接纳。在孩子状态不好的时候，他们会很懒散，作息不规律，情绪波动很大。家长需要学着去接纳这些情况。第二，心理医生鼓励我们，不要做完美的、只会说教的父母，要做可爱的父母，对孩子的一切充满好奇，又能和孩子分享故事。我打算继续把自己身上和身边发生的真实故事都分享给他听，让他感受人间冷暖。

在他没生病之前，我们很少把自己在生活上、事业上遭受的挫折跟他说，他看到的大多是爸爸妈妈光鲜亮丽的一面。在他生病以后，我开始把身边发生的事情如实告诉他，让他对这个世界有一个客观的认知，我也会谈我的思考、感受，以平等的姿态和他交流。原本孩子的爸爸非常喜欢说教，但自从孩子生病以后，爸爸也改变了，他开始更多地分享自己的经历而不是道理。

×：听起来孩子的抑郁在一定程度上也给你们上了一堂课，以便你们懂得怎么和孩子相处，是这样吗？

棠溪：是的，我觉得这对父母来说也是一种成长。如果孩子没有抑郁的话，那么我们还意识不到自己身上的问题。我很感谢心理医生的帮助，让我们家长知道自己应该做什么、不应该做什么。

假如我们可以做出一些微小的改变……

1. 你有过与棠溪的孩子相似的经历或感受吗？读完本篇访谈后，有什么新的想法闪过你的脑海？

2. 本篇采访中提到的哪种做法引起了你的兴趣？

3. 你想尝试哪些新的、微小的活动来改善当下的情况？试着详细描述一下。

4. 我们可以试着将一些即将发生的改变在日历上标注出来，或者设置闹铃提醒自己，我们还可以请朋友或家人提醒，甚至邀请他们共同参与这项有趣的改变实验。

致谢

一切都会好的

当你看到这里的时候，我想由衷地向你表达我的敬意与谢意。

一本书的完成离不开很多人的帮助，而在此刻，看到这里的你也是其中最值得我感谢的一员。

这是一本有颇多专业理论的"治疗抑郁"的书，如果你正被抑郁困扰并在看完本书后能获得帮助，我倍感荣幸。

如果你能读完本书并践行书中所提到的方法，我相信抑郁终将只是我们生命中的过客。正如马丁·路德所言："我们没办法拒绝鸟儿从头上飞过，但可以拒绝它在头顶筑巢。"

我所接受的科学训练和十多年来的临床实践让我坚信抑郁是可以治愈的，我们生活中的一切也都会好起来的。即便在某个时刻我们会深陷痛苦，但我仍见证了诸多曾被多年抑郁困扰、被木僵和冗思折磨的人，最终走向了康复之路。

281

遵从医嘱，科学治疗，我们每个人都可以走上身心健康的人生之路。

我要由衷地感谢湖南人民出版社的陈实先生和我的责任编辑张倩倩女士，正是他们的努力使得本书能够顺利出版并获得很多关注与推荐。

我还要感谢我的好友刘玉琴、石琬若和钟润文在我写作过程中给予了帮助与建议，以及我的学生叶树环、黄炼晴、陈嘉豪和吕晓欣，他们为本书的组稿提供了巨大的帮助。

我也想要感谢我的两只可爱的小猫：一只名叫琥珀的三花猫和一只名叫酥饼的英短金渐层。它们与我共度了无数个笔耕不辍的日夜。

向我的师长们致敬和感恩，再怎么强调也不为过。我很感激能得到亚伦·贝克先生、陈乾元教授、黄炽荣教授、岳晓东教授和刘哲宁教授的指导与推荐。尤其是贝克先生，他创立的认知疗法拯救了万千抑郁者的生命。我也非常荣幸能得到陈乾元和黄炽荣两位教授的推荐，到费城的宾夕法尼亚大学贝克认知行为疗法研究院进行学习，跟随贝克先生接受了针对抑郁的认知行为疗法的培训与督导。回国后也有幸得到了刘哲宁教授的指导和帮助，能与我的好友欧阳萱医生共同开展有关临床心理学方面的探索。

当然，我最感激的还是我的爱人晴莹。她温柔、坚定、睿智，在我写作期间给予了我莫大的鼓励、支持，并提出了许多理性的建议。

最后，我需要郑重地向多年来我所有的来访者表示感谢。本书的完成离不开你们的信任、支持和灵感。正是因为你们愿意与我通力合作，以科学的方式改善自己的生活，我们才能共同见证一个又一个抑郁者康复的奇迹。正是因为你们，我才得以热爱自己每一天的工作，并体验到岳晓东教授所追求的"登天的感觉"。

衷心感谢各位！

参考文献

A

Abramson, L. Y., Seligman, M. E., & Teasdale, J. D. (1978). Learned helplessness in humans: Critique and reformulation. Journal of abnormal psychology, 87(1), 49.

B

Baumrind, D. (2013). Authoritative parenting revisited: History and current status. American Psychological Association: Washington, DC.

Beck, A. T. (1970). Cognitive therapy: Nature and relation to behavior therapy. Behavior Therapy, 1(2), 184-200.

Beck, A . T. (1976). Cognitive therapy and emotional disorders. New York: International Universities Press.

Beck, A. T. (1983). Cognitive theory of depression: New perspectives. In P. J. Clayton & J. E. Barrett (Eds.), Treatment of depression: Old controversies and new approaches(pp.265-290). New York: Raven Press.

Beck, A. T. , Butler, A. C. , Brown, G. K. , Dahlsgaard, K. K. , & Beck, J. S. (2001). Dysfunctional beliefs discriminate personality disorders. Behaviour Research and Therapy, 39(10), 1213-1225.

Beck, A. T., Freeman, A., & Associates. (1990). Cognitive therapy of personality disorders. New York: Guilford Press.

Beck, A. T., Rush, A. J., Shaw, B. F., & Emery, G. (1979). Cognitive therapy of depression. New York: Guilford Press.

Beck, A. T., Wright, F. D., Newman, C. F, & Liese, B.S. (1993). Cognitive therapy of substance abuse. New York: Guilford Press.

Beck, J. S. (1995). Cognitive therapy: Basics and beyond. New York: Guilford Press.

Bieling, P. J., Beck, A. T., & Brown, G. K. (2000). The Sociotropy-Autonomy Scale: Structure and implications. Cognitive Therapy and Research, 24(6), 763-780.

Biglan, A. (1991). Distressed behavior and its context. The Behavior Analyst, 14, 157-169.

Boswell, J. F., Iles, B. R., Gallagher, M. W., & Farchione, T.

J. (2017). Behavioral activation strategies in cognitive-behavioral therapy for anxiety disorders. Psychotherapy, 54(3), 231.

Burns, D. D., Shaw, B. F., & Croker, W. (1987). Thinking styles and coping strategies of depressed women: An empirical investigation. Behaviour Research and Therapy, 25(3), 223-225.

Burns, D. D. (1999). The Feeling Good Handbook: The Groundbreaking Program with Powerful New Techniques and Step-by-Step Exercises to Overcome Depression, Conquer Anxiety, and Enjoy Greater Intimacy. New York: Penguin.

C

Callesen, P., Jensen, A. B., & Wells, A. (2014). Metacognitive therapy in recurrent depression: a case replication series in Denmark. Scandinavian Journal of Psychology, 55(1), 60-64.

Cannity, K. M., & Hopko, D. R. (2017). Behavioral activation for a breast cancer patient with major depression and coexistent personality disorder. Journal of Contemporary Psychotherapy, 47, 201-210.

Chan, A. T., Sun, G. Y., Tam, W. W., Tsoi, K. K., & Wong, S. Y. (2016). The effectiveness of group-based behavioral activation in the treatment of depression: An updated meta-analysis of randomized controlled trial. Journal of Affective Disorders, 208, 345-354.

Carter, J. D., McIntosh, V. V., Jordan, J., Porter, R. J., Frampton, C. M., & Joyce, P. R. (2013). Psychotherapy for depression: a randomized clinical trial comparing schema therapy and cognitive behavior therapy. Journal of affective disorders, 151(2), 500-505.

D

Dammen, T., Papageorgiou, C., & Wells, A. (2015). An open trial of group metacognitive therapy for depression in Norway. Nordic Journal of Psychiatry, 69(2), 126-131.

DeRubeis, R. J., Hollon, S. D., Amsterdam, J. D., Shelton, R. C., Young, P. R., Salomon, R. M., ... & Gallop, R. (2005). Cognitive therapy vs medications in the treatment of moderate to severe depression. Archives of General Psychiatry, 62(4), 409-416.

E

Elliston, P. (2002). Mindfulness-based cognitive therapy for depression. A new approach to preventing relapse. New York:

Guilford Press.

Erickson, K. I., Leckie, R. L., & Weinstein, A. M. (2014). Physical activity, fitness, and gray matter volume. Neurobiology of Aging, 35, S20-S28.

G

Garza, A. A., Ha, T. G., Garcia, C., Chen, M. J., & Russo-Neustadt, A. A. (2004). Exercise, antidepressant treatment, and BDNF mRNA expression in the aging brain. Pharmacology Biochemistry and Behavior, 77(2), 209-220.

Gilbert, Paul. (2003). Overcoming depression: a step-by-step approach to gaining control over depression. Journal of Cognitive Psychotherapy, 111(3), 291-293.

Greenberger, D., & Padesky, C. A. (1995). Mind over Mood: a cognitive therapy treatment manual for clients. New York: Guilford Press.

Greenberg, L. S. (2002). Integrating an emotion-focused approach to treatment into psychotherapy integration. Journal of Psychotherapy integration, 12(2), 154.

Greenberg, L. S., Lietaer, G., & Watson, J. C. (1998). Identity and Challenges. Handbook of experiential psychotherapy,

451.New York: Guilford Press.

Greenberg, L. S., Paivio, S. C., & Johnson, S. M. (2000). Working with emotions in psychotherapy. Canadian Psychology, 41(1), 78.

Greenberg, L. S., & Safran, J. D. (1989). Emotion in psychotherapy. American psychologist, 44(1), 19.

Grey, N., Holmes, E., & Brewin, C. R. (2001). Peritraumatic emotional "hot spots" in memory. Behavioural and Cognitive Psychotherapy, 29(3), 367-372.

Guha, M. (2009). Diagnostic and statistical manual of mental disorders: DSM-V(5th edition). Australian & New Zealand Journal of Psychiatry, 29(3), 36-37.

H

Hackmann, A., Clark, D. M., & McManus, F. (2000). Recurrent images and early memories in social phobia. Behaviour Research and Therapy, 38(6), 601-610.

Hagen, R., Hjemdal, O., Solem, S., Kennair, L. E. O., Nordahl, H. M., Fisher, P., & Wells, A. (2017). Metacognitive therapy for depression in adults: a waiting list randomized controlled trial with six months follow-up. Frontiers in psychology, 8, 31.

Halpern, D. F. (2013). Thought and knowledge: An introduction to critical thinking. New York: Psychology Press.

Harkin, B., Webb, T. L., Chang, B. P., Prestwich, A., Conner, M., Kellar, I., ... & Sheeran, P. (2016). Does monitoring goal progress promote goal attainment? A meta-analysis of the experimental evidence. Psychological bulletin, 142(2), 198.

Hofmann, S. G., Sawyer, A. T., Witt, A. A., & Oh, D. (2010). The effect of mindfulness-based therapy on anxiety and depression: A meta-analytic review. Journal of consulting and clinical psychology, 78(2), 169.

Hyde, J. S., Mezulis, A. H., & Abramson, L. Y. (2008). The ABCs of depression: integrating affective, biological, and cognitive models to explain the emergence of the gender difference in depression. Psychological Review, 115(2), 291-313.

J

Jose, P. E., & Brown, I. (2008). When does the gender difference in rumination begin? Gender and age differences in the use of rumination by adolescents. Journal of Youth and Adolescence, 37, 180-192.

K

Kanter, J. W., Manos, R. C., Bowe, W. M., Baruch, D. E., Busch, A. M., & Rusch, L. C. (2010). What is behavioral activation?: A review of the empirical literature. Clinical psychology Review, 30(6), 608-620.

Kellough, J. L., Beevers, C. G., Ellis, A. J., & Wells, T. T. (2008). Time course of selective attention in clinically depressed young adults: An eye tracking study. Behaviour Research and Therapy, 46(11), 1238-1243.

Kennedy, R. E., & Craighead, W. E. (1988). Differential effects of depression and anxiety on recall of feedback in a learning task. Behavior Therapy, 19(3), 437-454.

Kendler, K. S., Kuhn, J. W., & Prescott, C. A. (2004). Childhood sexual abuse, stressful life events and risk for major depression in women. Psychological medicine, 34(8), 1475-1482.

Kessler, R. C., Berglund, P., Demler, O., Jin, R., Merikangas, K. R., & Walters, E. E. (2005). Lifetime prevalence and age-of-onset distributions of DSM-IV disorders in the National Comorbidity Survey Replication. Archives of General Psychiatry, 62(6), 593-602.

Kessler, R. C., McGonagle, K. A., Zhao, S., Nelson, C. B., Hughes, M., Eshleman, S., ... & Kendler, K. S. (1994). Lifetime and 12-month prevalence of DSM-III-R psychiatric disorders in the United States: results from the National Comorbidity Survey. Archives of General Psychiatry, 51(1), 8-19.

Kirsch, I., Scoboria, A., & Moore, T. J. (2002). Antidepressants and placebos: Secrets, revelations, and unanswered questions. Prevention & Treatment, 5(1).

L

Lau, J. Y., & Eley, T. C. (2008). Attributional style as a risk marker of genetic effects for adolescent depressive symptoms. Journal of Abnormal Psychology, 117(4), 849-859.

Leahy, R. L. (2010). Beat the blues before they beat you. California: Hay House, Inc.

LeMoult, J., Arditte, K. A., D' Avanzato, C., & Joormann, J. (2013). State rumination: Associations with emotional stress reactivity and attention biases. Journal of Experimental Psychopathology, 4(5), 471-484.

LeMoult, J., & Joormann, J. (2014). Depressive rumination alters cortisol decline in Major Depressive Disorder. Biological

Psychology, 100, 50-55.

LeMoult, J., Yoon, K. L., & Joormann, J. (2016). Rumination and cognitive distraction in major depressive disorder: An examination of respiratory sinus arrhythmia. Journal of Psychopathology and Behavioral Assessment, 38, 20-29.

Lewinsohn, P. M. (1975). The behavioral study and treatment of depression. Progress in Behavior Modification 1,19-64

Lewinsohn, P. M., Hoberman, H., Teri, L., & Hautzinger, M. (1985). An integrative theory of depression. Theoretical Issues in Behavior Therapy, 331-359.

Lin, T. W., & Kuo, Y. M. (2013). Exercise benefits brain function: the monoamine connection. Brain Sciences, 3(1), 39-53.

Lopresti, A. L., Hood, S. D., & Drummond, P. D. (2013). A review of lifestyle factors that contribute to important pathways associated with major depression: diet, sleep and exercise. Journal of Affective Disorders, 148(1), 12-27.

M

Maier, S. F., & Seligman, M. E. (1976). Learned helplessness: theory and evidence. Journal of Experimental Psychology:

general, 105(1), 3.

Mathur, N., & Pedersen, B. K. (2008). Exercise as a mean to control low-grade systemic inflammation. Mediators of Inflammation, 2008.

McEvoy, P. M., Watson, H., Watkins, E. R., & Nathan, P. (2013). The relationship between worry, rumination, and comorbidity: Evidence for repetitive negative thinking as a transdiagnostic construct. Journal of Affective Disorders, 151(1), 313-320.

N

Nelson, R. E., & Craighead, W. E. (1977). Selective recall of positive and negative feedback, self-control behaviors, and depression. Journal of Abnormal Psychology, 86(4), 379.

Nolen-Hoeksema, S. (2000). The role of rumination in depressive disorders and mixed anxiety/depressive symptoms. Journal of Abnormal Psychology, 109(3), 504.

Nolen-Hoeksema, S., & Harrell, Z. A. (2002). Rumination, depression, and alcohol use: Tests of gender differences. Journal of Cognitive Psychotherapy, 16(4), 391-403.

Nolen-Hoeksema, S., Blair, E. W., & Sonja, L. (2008) Rethinking Rumination. Perspectives of Psychological Science, 3, 400-424.

Nolen-Hoeksema, S., Larson, J., & Grayson, C. (1999). Explaining the gender difference in depressive symptoms. Journal of Personality and Social Psychology, 77(5), 1061-1072.

Normann, N., van Emmerik, A. A., & Morina, N. (2014). The efficacy of metacognitive therapy for anxiety and depression: A meta-analytic review. Depression and anxiety, 31(5), 402-411.

P

Papageorgiou, C., & Wells, A. (2000). Treatment of recurrent major depression with attention training. Cognitive and Behavioral Practice, 7(4), 407-413.

Papageorgiou, C., & Wells, A. (2002). Effects of heart rate information on anxiety, perspective taking, and performance in high and low social-evaluative anxiety. Behavior Therapy, 33(2), 181-199.

Papageorgiou, C., & Wells, A. (2003). Nature, functions, and beliefs about depressive rumination. Depressive Rumination: Nature, Theory and Treatment, 1-20.

Papageorgiou, C., & Wells, A. (2015). Group metacognitive

therapy for severe antidepressant and CBT resistant depression: a baseline-controlled trial. Cognitive Therapy and Research, 39, 14-22.

Pass, L., Whitney, H., & Reynolds, S. (2016). Brief behavioral activation for adolescent depression: working with complexity and risk. Clinical Case Studies, 15(5), 360-375.

彭凯平. 吾心可鉴：澎湃的福流 [M]. 北京：清华大学出版社，2016.

Persons, J. B., & Miranda, J. (1992). Cognitive theories of vulnerability to depression: Reconciling negative evidence. Cognitive Therapy and Research, 16, 485-502.

Peterson, C., & Seligman, M. E. (1984). Causal explanations as a risk factor for depression: theory and evidence. Psychological Review, 91(3), 347-374.

Peterson, C., & Vaidya, R. S. (2001). Explanatory style, expectations, and depressive symptoms. Personality and Individual Differences, 31(7), 1217-1223.

R

Roane, H. S., Fisher, W. W., & Carr, J. E. (2016). Applied behavior analysis as treatment for autism spectrum disorder. The

Journal of Pediatrics, 175, 27-32.

Russo-Neustadt, A. A., Beard, R. C., Huang, Y. M., & Cotman, C. W. (2000). Physical activity and antidepressant treatment potentiate the expression of specific brain-derived neurotrophic factor transcripts in the rat hippocampus. Neuroscience, 101(2), 305-312.

S

Seligman, M. E. (1975). Helplessness (pp. 166-188). San Francisco: Freeman.

Seligman, M . E . P. (1991) . Learned optimism. New York: Norton.

Seligman, M. E., & Maier, S. F. (1967). Failure to escape traumatic shock. Journal of Experimental Psychology, 74(1), 1-9.

Seligman, M. E., Steen, T. A., Park, N., & Peterson, C. (2005). Positive psychology progress: empirical validation of interventions. American Psychologist, 60(5), 410-421.

Shafran, R., & Mansell, W. (2001). Perfectionism and psychopathology: A review of research and treatment. Clinical Psychology Review, 21(6), 879-906.

Shih, J. H., Eberhart, N. K., Hammen, C. L., & Brennan, P. A. (2006). Differential exposure and reactivity to interpersonal stress predict sex differences in adolescent depression. Journal of Clinical Child and Adolescent Psychology, 35(1), 103-115.

Simon, H. (1990). Reason in human affairs. California: Stanford University Press.

Snyder, M., & White, P. (1982). Moods and memories: Elation, depression, and the remembering of the events of one's life. Journal of personality, 50(2), 149-167.

V

Voss, M. W., Vivar, C., Kramer, A. F., & van Praag, H. (2013). Bridging animal and human models of exercise-induced brain plasticity. Trends in Cognitive Sciences, 17(10), 525-544.

W

Wang, P. S., Berglund, P., Olfson, M., Pincus, H. A., Wells, K. B., & Kessler, R. C. (2005). Failure and delay in initial treatment contact after first onset of mental disorders in the National Comorbidity Survey Replication. Archives of General Psychiatry, 62(6), 603-613.

Wells, A. (2002). Emotional disorders and metacognition: Innovative cognitive therapy. Chichester: John Wiley & Sons.

Wells, A., Fisher, P., Myers, S., Wheatley, J., Patel, T., & Brewin, C. R. (2009). Metacognitive therapy in recurrent and persistent depression: A multiple-baseline study of a new treatment. Cognitive Therapy and Research, 33, 291-300.

Wells, A., Fisher, P., Myers, S., Wheatley, J., Patel, T., & Brewin, C. R. (2012). Metacognitive therapy in treatment-resistant depression: A platform trial. Behaviour Research and Therapy, 50(6), 367-373.

Wells, A., & Matthews, G. (1996). Modelling cognition in emotional disorder: The S-REF model. Behaviour Research and Therapy, 34(11-12), 881-888.

Wells, A., & Matthews, G. (2014). Attention and emotion (Classic edition): A clinical perspective. New York: Psychology Press.

Whelton, W. J. e Greenberg, LS (2001). The self as singular multiplicity: A process-experiential perspective. Self-relations in the psychotherapy process. American Psychological Association: Washington, DC.

X

徐晖，李峥. 精神疾病患者病耻感的研究进展 [J]. 中华护理杂志，2007（05）：455—458.